新型城镇化建设工程系列丛书

建筑工业化建造管理教程

李慧民　赵向东　华　珊　李　强　编著

科学出版社

北　京

内 容 简 介

本书从建筑工业化概念、发展现状、关键技术、工艺流程、存在问题、发展趋势等方面,较全面地阐述了建筑工业化建造的相关理论和技术应用;同时对建筑工业化基地建设和管理体系进行了探讨;并对15个建筑工业化建造的实际工程案例进行了剖析,展示了建筑工业化建造在建筑行业中的应用。本书内容丰富,由浅入深,紧密结合工程实际,具有较强的实用性。

本书可作为高等院校土木工程、工程管理等专业的教科书,也可供建设单位、施工单位、监理单位及建设行业主管部门等从事建筑工业化建造相关领域的工程技术人员参考。

图书在版编目(CIP)数据

建筑工业化建造管理教程/李慧民等编著. —北京:科学出版社,2017.4
(新型城镇化建设工程系列丛书)
ISBN 978-7-03-052457-7

Ⅰ. ①建⋯ Ⅱ. ①李⋯ Ⅲ. ①建筑工业化–施工管理–高等学校–教材 Ⅳ. ①TU71

中国版本图书馆 CIP 数据核字(2017)第 068896 号

责任编辑:于海云/责任校对:郭瑞芝
责任印制:吴兆东/封面设计:迷底书装

科 学 出 版 社 出版
北京东黄城根北街 16 号
邮政编码:100717
http://www.sciencep.com

北京东华虎彩印刷有限公司 印刷
科学出版社发行 各地新华书店经销

*

2017 年 4 月第 一 版 开本:787×1092 1/16
2018 年 1 月第二次印刷 印张:14
字数:331 000

定价:76.00 元
(如有印装质量问题,我社负责调换)

前 言

进入 21 世纪以来，可持续发展与低碳环保的理念深入人心，各行业纷纷创新技术，改进生产方式，降低生产能耗，以提高生产效益。然而，建筑业传统的粗放式、高能耗发展仍然没有发生根本改变。因此，建筑工业化的模式是对传统建筑行业的一种颠覆，它具备的集约化、模块化、标准化、工业化特点无疑将大幅提高现有的生产效率和生产速度，并显著改善低建筑行业的粗放式和高能耗生产模式，从而使建筑行业进入一个新的阶段。

全书共 13 章，介绍了建筑工业化的发展过程、发展模式和发展现状；阐述了建筑工业化建造的基本流程；分别从建造设计阶段、建造构件生产阶段、建造构件运输阶段、建造安装阶段、建造装饰装修阶段、建造维护阶段等方面，探讨了建筑工业化建造的关键技术；并对建筑工业化建造基地建设、建造管理体系、Building Information Modeling（简称 BIM）与 Radio Frequency Identification（简称 RFID）等内容进行了研究；同时，本书针对 15 个建筑工业化建造的实际工程案例进行了剖析，展示了建筑工业化建造在行业中的应用。

本书由李慧民、赵向东、华珊、李强等编著。其中，第 1 章和第 2 章由李慧民、华珊、李勤、谢玉宇编写；第 3 章和第 4 章由赵向东、张文佳、郭平、李强编写；第 5 章和第 6 章由李慧民、华珊、李勤、裴兴旺编写；第 7 章和第 8 章由李慧民、张文佳、唐杰、黄培荣编写；第 9 章和第 10 章由李慧民、华珊、赵地、李强编写；第 11 章和第 12 章由赵向东、赵地、李勤编写；第 13 章由赵向东、李强、华珊、李文龙编写。

本书在编写过程中得到了西安建筑科技大学、北京建筑大学、案例所在单位的大力支持与帮助，并参考了有关专家学者的研究成果和文献资料，在此一并表示衷心的感谢。

由于编者水平有限，书中不足之处，敬请广大读者批评指正。

编 者
2016 年 12 月

目 录

前言

第 1 章 建筑工业化建造的内涵与基础 …………………………………………… 1
    1.1 基本概念 ………………………………………………………………………… 1
    1.2 建筑工业化建造的目的 ………………………………………………………… 2
    1.3 建筑工业化建造的意义 ………………………………………………………… 2
    1.4 建筑工业化建造政策与标准 …………………………………………………… 3

第 2 章 建筑工业化建造的发展与现状 …………………………………………… 10
    2.1 国外建筑工业化建造发展 ……………………………………………………… 10
    2.2 我国建筑工业化建造发展 ……………………………………………………… 16
    2.3 建筑工业化建造发展模式 ……………………………………………………… 29
    2.4 建筑工业化建造发展瓶颈 ……………………………………………………… 30

第 3 章 建筑工业化建造的基本流程 ……………………………………………… 32
    3.1 常见装配式结构体系 …………………………………………………………… 32
    3.2 构件的设计 ……………………………………………………………………… 35
    3.3 构件的生产 ……………………………………………………………………… 36
    3.4 构件的运输 ……………………………………………………………………… 38
    3.5 构件的安装 ……………………………………………………………………… 39
    3.6 装饰装修 ………………………………………………………………………… 40

第 4 章 建造设计阶段控制技术 …………………………………………………… 43
    4.1 概述 ……………………………………………………………………………… 43
    4.2 设计要点 ………………………………………………………………………… 44
    4.3 构件拆分 ………………………………………………………………………… 48
    4.4 深化设计 ………………………………………………………………………… 49
    4.5 设计应用案例 …………………………………………………………………… 50

第 5 章 建造构件生产阶段控制技术 ……………………………………………… 57
    5.1 概述 ……………………………………………………………………………… 57
    5.2 常见预制构件 …………………………………………………………………… 57
    5.3 生产控制要点 …………………………………………………………………… 58

5.4 生产应用案例 ………………………………………………………… 62

第 6 章 建造构（配）件运输阶段控制技术 ………………………………… 67
6.1 概述 …………………………………………………………………… 67
6.2 运输堆放质量原因及控制 …………………………………………… 68
6.3 运输控制要点 ………………………………………………………… 70
6.4 运输应用案例 ………………………………………………………… 73

第 7 章 建造安装阶段控制技术 ……………………………………………… 76
7.1 概述 …………………………………………………………………… 76
7.2 建造安装要点 ………………………………………………………… 76
7.3 建造安装应用案例 …………………………………………………… 87

第 8 章 建造装饰装修阶段控制技术 ………………………………………… 93
8.1 概述 …………………………………………………………………… 93
8.2 装饰装修控制要点 …………………………………………………… 93
8.3 装饰装修应用案例 …………………………………………………… 97

第 9 章 建造使用维护阶段控制技术 ………………………………………… 101
9.1 概述 …………………………………………………………………… 101
9.2 使用维护控制原则 …………………………………………………… 102
9.3 使用维护控制要点 …………………………………………………… 103
9.4 使用维护管理应用案例 ……………………………………………… 105

第 10 章 建筑工业化建造基地建设 …………………………………………… 107
10.1 概述 ………………………………………………………………… 107
10.2 基地选址 …………………………………………………………… 107
10.3 基地建设原则 ……………………………………………………… 115
10.4 基地建设内涵 ……………………………………………………… 120

第 11 章 建筑工业化建造管理体系 …………………………………………… 128
11.1 质量管理 …………………………………………………………… 128
11.2 成本管理 …………………………………………………………… 133
11.3 进度管理 …………………………………………………………… 136
11.4 安全管理 …………………………………………………………… 138
11.5 绿色管理 …………………………………………………………… 147

第 12 章 BIM 与 RFID 技术在建造中的应用 ………………………………… 153
12.1 BIM 技术内涵 ……………………………………………………… 153

12.2 RFID 技术内涵 161
12.3 技术在建筑全寿命周期管理中的应用 163
12.4 技术在预制装配式住宅中的应用案例 165

第 13 章 建筑工业化建造案例分析 167
13.1 上海世茂周浦项目 167
13.2 松江万科梦想派项目 177
13.3 万科云城项目 185
13.4 西安万科城 3 号地廉租房项目 189
13.5 远大集团产业化基地 197
13.6 万科住宅产业化基地 201
13.7 中天集团产业化基地 207

参考文献 215

第1章 建筑工业化建造的内涵与基础

1.1 基本概念

1）建筑产业化

建筑产业化（construction industrialization）是指整个建筑产业链的产业化，把建筑工业化向前端的产品开发、下游的建筑材料、建筑能源甚至建筑产品的销售延伸，是整个建筑行业在产业链条内资源的更优化配置。如果说建筑工业化更强调技术的主导作用，建筑产业化则增加了技术与经济和市场的结合。

2）建筑工业化

建筑工业化建造是指采用工业化的预制装配式技术，选用合理的可装配式建筑（结构）体系，其主要构件和部品的制备都在工厂按工业化产品模式预制完成，再将其运输到现场，经机械化安装后形成满足预定功能要求的各类建筑产品。

3）住宅工业化（residential industrialization）

住宅工业化是建筑工业化的一种"产品类型"。按建筑产品类型划分，建筑工业化还包含"公共建筑工业化""工业建筑工业化""基础设施工业化"等。由此可见，建筑工业化高于住宅工业化。

4）住宅产业化（housing industry）

住宅产业化是在建筑工业化的基础上提出的，由于建筑工业化的发展，在住宅建造这一领域出现了住宅产业化，它是针对整个住宅产业链提出的，包括土地的划拨、产业定位和设计、建筑部件的生产和安全、住宅产品的销售及后期服务管理等各个环节整合起来的产业系统；其目的在于实现住宅产业经济和社会效益的提升。

5）建筑工业化、建筑产业化、住宅工业化与住宅产业化之间的关系如下：

建筑工业化的核心是围绕整个建造阶段，它是建筑产业化的核心部分，涉及建筑的设计、部件的生产和安装、施工现场的管理，即围绕建筑这个关键环节。

建筑产业化内涵和外延高于工业化，它是建筑产业链的优化配置，技术与经济和市场的相互融合；工业化是产业化的基础，只有工业化达到一定程度，才能实现产业化。

住宅工业化的核心是住宅这一类建筑产品在建造阶段采用工业化生产方式，其核心是围绕着住宅这一产品整个建造阶段而言的。由此可见，建筑工业化高于住宅工业化。建筑产业化、建筑工业化、住宅工业化之间的关系见图1.1。建筑工业化与住宅产业化、住宅工业化之间的关系见图1.2。

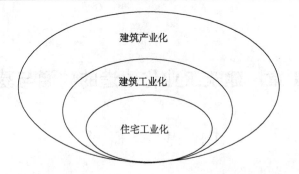

图 1.1 建筑产业化、建筑工业化、住宅工业化之间的关系

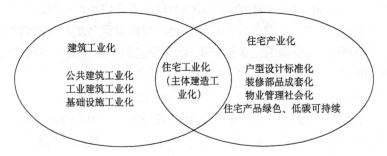

图 1.2 建筑工业化与住宅产业化、住宅工业化之间的关系

1.2 建筑工业化建造的目的

建筑工业化的目的是以大工业生产方式改造传统的手工业建造方式。众所周知，现浇式钢筋混凝土结构是钢筋混凝土结构的最早形式，这种结构具有良好的整体性能、抗震性能和较大的刚度，在工程界得到广泛的认可和使用。但这种结构在工程实施中有许多缺点，如施工工期长、费工费料、施工质量难以保证、生产较难实现工业化等。反观装配式结构体系，主体结构的柱、梁、板均可在工厂加工，实现完全的工业化大生产，现场只要将其拼装起来即可。预制装配式结构可实现建筑构件工业化（设计标准化、制造工业化、安装机械化），制造不受季节限制，从而加快施工进度，缩短投资回收时间；还可提高构件质量、免去大部分模板支撑，节约木料或钢材。

1.3 建筑工业化建造的意义

1）建筑工业化是提高工业化水平的需要

发展装配式工业化建造技术是建筑业提高工业化水平、提高建造效率的必然趋势。与传统的以现场施工为主的建造方式相比，装配式工业化建造技术表现在建筑构配件生产工厂化、现场施工机械化、组织管理信息化，体现了工业化社会的建造方式和技术手段，是一种现代的高技术含量的建造方法，具有建造速度快、建设周期短的特点。根据欧洲的统计，传统建造方法每平方米建筑面积需 2.25 个工日，而预制装配式施工仅用 1 个工日，可节约人工 25%～30%，降低造价 10%～15%，缩短工期 30%～50%。建筑工业化是一个国家建筑业技术和管理水平的综合体现，而装配式工业化建造技术可以降低现场手工操作的劳动量。因此，装配式工业化建造水平从一定程度上体现了一个国家建筑工业化水平的高低。

2）建筑工业化是提高建筑业建造质量的重要手段

发展装配式工业化建造技术是提高建筑业建造质量的重要手段。目前，国内建筑业发展迅速，但现有工程建设质量严重参差不齐，存在较大的安全隐患和使用上的隐患，受人为因素影响较大的传统现场施工建造方式是造成这一问题的主要原因。采用装配式工业化建造技术，将绝大部分构件、部品甚至节点和连接件在工厂工业化预制，现场采用流程化、工法化的连接、安装技术，可以不受建造季节气候的影响，大幅提高部品的制作质量，稳定结构的整体建造技术水平，保障结构的整体建造质量。

3）建筑工业化是建筑业实现"四节一环保"、低碳发展的有效途径

发展装配式工业化建造技术是建筑业实现"四节一环保"（节水、节能、节地、节材和环境保护）、低碳发展的有效途径。众所周知，一方面，建筑业是国民经济的支柱产业，其就业容量大、产业关联度高，全社会 50% 以上的固定资产投资都要通过建筑业才能形成新的生产能力或使用价值，建筑业增加值约占国内生产总值的 7%。但另一方面，中国的建筑能耗占到国家全部能耗的 32%，已经成为国家最大的单项能耗行业。采用装配式工业化建造技术的建筑，可以节约资源和材料，减少现场施工对场地的需求，减少建筑垃圾、建筑施工对环境的不良影响。要实现国家和各地方政府目前既定的建筑节能减排目标，达到更高的节能减排水平，实现全寿命过程的低碳排放综合技术指标，发展装配式工业化建造建筑产业是一个有效途径。

4）建筑工业化可缓解劳务紧张的需求

随着人口红利逐渐消失，建筑企业利用廉价劳动力发展的优势将不复存在。近年来，"用工荒""招工难"等字眼频见报端，在大量项目停建的环境背景下，薪酬涨幅与招工难度依旧难以匹配，可见建筑行业的劳务紧缺程度。建筑工业化生产方式，构配件生产的工厂化操作主要采取机械化操作，将很大程度上缓解劳务的紧缺。

1.4 建筑工业化建造政策与标准

1.4.1 建筑工业化建造相关政策

1. 国家相关政策

1）中华人民共和国工业和信息化部与中华人民共和国住房和城乡建设部（以下简称工信部和住建部）《促进绿色建材生产和应用行动方案》（2015）

2015 年 8 月 31 日，工信部和住建部印发了《促进绿色建材生产和应用行动方案》

（简称《方案》）的通知。《方案》提出，要大力发展装配式混凝土建筑及构配件。积极推广成熟的预制装配式混凝土结构体系，优化完善现有预制框架、剪力墙、框架-剪力墙结构等装配式混凝土结构体系。完善混凝土预制构配件的通用体系，推进叠合楼板、内外墙板、楼梯阳台、厨卫装饰等工厂化生产，引导构配件产业系列化开发、规模化生产、配套化供应。

2）"十三五规划建议"（2015）

2015年，我国"十三五规划建议"中重点提出要推广"建筑工业化"。

3）《国家新型城镇化规划（2014—2020年）》（2014）

《国家新型城镇化规划（2014—2020年）》明确提出要强力推进建筑工业化，并将"积极推进建筑工业化、标准化、提高住宅工业化比例"作为建设重点之一。目前全国有40家开发企业联盟型及部品生产企业型企业列入试点基地。试点城市积极推进建筑产业现代化，在加强领导、政策支持、标准制定、项目示范等方面提供了可借鉴的经验做法。

4）住建部《关于推进建筑业发展和改革的若干意见》（2014）

2014年，住建部印发了《关于推进建筑业发展和改革的若干意见》（以下简称《意见》），《意见》指出要推动建筑产业现代化。要求统筹规划建筑产业现代化发展目标和路径。推动建筑产业现代化结构体系、建筑设计、部品构件配件生产、施工、主体装修集成等方面的关键技术研究与应用。制定完善有关设计、施工和验收标准，组织编制相应标准设计图集，指导建立标准化部品构件体系。建立适应建筑产业现代化发展的工程质量安全监管制度。鼓励各地制定建筑产业现代化发展规划以及财政、金融、税收、土地等方面的激励政策，培育建筑产业现代化龙头企业，鼓励建设、勘察、设计、施工、构件生产和科研等单位建立产业联盟。进一步发挥政府投资项目的试点示范引导作用并适时扩大试点范围，积极稳妥推进建筑产业现代化。

5）2014年住建部十项重点工作之一

第七项：加快推进节能工作，促进建筑产业现代化。工作要求2014年政府投资的公建项目要全面执行绿色建筑标准；以住宅建设为重点，抓紧研究制定支持建筑产业现代化发展的政策措施。

6）中华人民共和国国家发展和改革委员会（以下简称发改委）、住建部《绿色建筑行动方案》（2013）

2013年，国务院办公厅以国办发〔2013〕1号转发发改委、住建部制订的《绿色建筑行动方案》，要求加快推广适合工业化生产的建筑体系，发展建筑工业化基地，开展建筑工业化建筑示范试点。要求推动建筑工业化；加快发展预制装配技术；支持集设计、生产、施工一体化的工业化基地建设；积极推行住宅全装修，鼓励一次装修到位或菜单式装修。

7）住建部《建筑业发展"十二五"规划》（2011）

《建筑业发展"十二五"规划》提出，要推广结构件、部品的标准化；提高构配件工业化制造水平；鼓励在工程上采用制造、装配方式，提高机械化施工水平。

8）建建[1995]188号文《建筑工业化发展纲要》（1995）

1995年，住建部（原建设部）根据《九十年代国家产业政策纲要》和《九十年代建筑业产业政策》要求，特制定《建筑工业化发展纲要》。根据现行规范标准，工业化建筑体系是一个完整的建筑生产过程，即把房屋作为一种工业产品，根据工业化生产原则，包括设计、生产、施工和组织管理等在内的建造房屋全过程配套的一种方式。工业化建筑体系分为专用体系和通用体系两种。工业化建筑的结构类型主要为剪力墙结构和框架结构。施工工艺的类型主要为预制装配式、工具模板式以及现浇与预制相结合式等。

9）《关于加强和发展建筑工业的决定》（1956）

1956年5月8日，国务院出台《关于加强和发展建筑工业的决定》，这是我国最早提出走建筑工业化的文件，文件指出，为了从根本上改善我国的建筑工业，必须积极地、有步骤地实现机械化、工业化施工，必须完成对建筑工业的技术改造，逐步地完成向建筑工业化的过渡。

2. 地方政府相关政策

1）浙江省

2014年《浙江省深化推进新型建筑工业化促进绿色建筑发展实施意见》颁布实施。《实施意见》表明推进新型建筑工业化是建筑业转型升级的必由之路，对加快建筑业发展方式转变、减少建筑污染、实现环境友好、促进节能降耗、提高资源利用效率、推动绿色建筑发展具有重要意义。根据《国务院办公厅关于转发发展改革委住房城乡建设部绿色建筑行动方案的通知》（国办发〔2013〕1号）要求，为深化推进浙江省新型建筑工业化，促进绿色建筑发展，提出如下意见。

（1）明确工作目标。

大力推广适合工业化生产的装配整体式混凝土建筑、装配整体式钢结构建筑及适合工业化项目建设的实用技术。积极推行住宅建筑全装修，逐年提高成品住宅比例。在工程实践中及时总结形成先进成熟、安全可靠的建筑体系并加以推广应用。政府投资的国家机关、学校、医院、博物馆、科技馆、体育馆等建筑，杭州市、宁波市的保障性住房，以及单体建筑面积超过2万平方米的机场、车站、宾馆、饭店、商场、写字楼等大型公共建筑，全面执行绿色建筑标准，并积极实施新型建筑工业化。

到2015年底，各市要开展部品构件基地建设，形成与本区域相适应的新型建筑工业化生产能力；大力推进新型建筑工业化示范工程项目建设，各设区市新开工建设新型建筑工业化项目面积不少于5万平方米。自2016年起，全省每年新开工建设新型建筑工业化项目面积应达到300万平方米以上，并逐年增加，每年增加的比例不低于10%；绍兴市作为住房城乡建设部建筑产业现代化试点及国家住宅产业现代化综合试点城市，每年新开工建设新型建筑工业化项目面积至少达到100万平方米；杭州市、宁波市每年新开工建设新型建筑工业化项目面积至少达到50万平方米；其他各设区市每年新开工建设新型建筑工业化项目面积至少达到20万平方米。自2020年起，全省每年新开工建设新型建筑工业化项目面积应达到500万平方米以上。

建筑单体装配化率（墙体、梁柱、楼板、楼梯、阳台等结构中预制构件所占的比重）应不低于15%，并逐年提高。到2020年，力争建筑单体装配化率达到30%以上。

（2）落实责任主体。

各地政府是推进所辖区域新型建筑工业化的责任主体，要把新型建筑工业化作为实施创新驱动发展战略的重要领域，加大推动力度。要编制科学合理的发展规划，制定相应的激励扶持政策措施，统筹协调推进本地区新型建筑工业化发展，提高建筑业发展质量和水平，实现建筑业可持续发展。省里将对各地推进新型建筑工业化年度工作目标实行责任制管理。

（3）确定重点领域。

按照突出重点和不同区域分类推进的原则，各地政府应将中心城区、大型居住社区和郊区新城等列为新型建筑工业化重点推进区域，并可根据需要逐年扩大区域范围。在每年保障性住房等政府投资项目及商品住房建设用地供地面积中，落实一定比例面积的新型建筑工业化项目。省里重点推动杭州市、宁波市、绍兴市等新型建筑产业基础良好的地区开展试点示范，先行先试。

2）杭州市

2015年《杭州市人民政府关于加快推进建筑业发展的实施意见》以下简称《实施意见》颁布实施。《实施意见》支持新型建筑工业化示范基地和示范项目建设。在保障性住房等政府投资项目建设用地中，要确保一定比例的用地采取新型建筑工业化方式建设，并逐年提高比例。医院、学校、市政设施等公共建筑优先考虑采用新型建筑工业化方式建设。鼓励商品房建设项目开展新型建筑工业化建设试点工作。对在建筑工程中使用的预制墙体部分，经省经信委和省财政厅批准，视同新型墙体材料，可返还预缴的新型墙体材料专项基金和散装水泥专项资金。市科委要加大对新型建筑工业化科研项目研究经费的支持力度。

3）广东省

2015年广东省正研究出台《关于加快推进建筑产业现代化的意见》。产业发展目标如下：建设15～20家大型预制构件生产骨干企业；发展5～10个省级建筑产业现代化基地；培育3～5个省级建筑产业现代化综合试点城市；建立3个产值超千亿的可持续发展的建筑产业集群。

技术创新目标如下：形成完善的成套技术体系和标准体系。建立和完善涵盖设计、生产、施工、管理、物流和竣工验收的部品体系、质量控制体系与评价体系。

项目推广目标如下：以保障性住房、棚户区改造、三旧改造项目为突破口，广东省建筑产业现代化项目建筑面积力争2015年达到1000万平方米；2018年达到2000万平方米；2020年占在建工程的10%；2025年建筑产业现代化成为广东省建筑业的主要建造方式。

4）深圳市

2015年7月，由深圳市住房和建设局、深圳市规划和国土资源委员会、深圳市建筑工务署联合制定的《深圳市住宅产业化项目单体建筑预制率和装配率计算细则（试行）》正式出台发布。大力推广适合本市住宅的产业化建造方式，实行一次性装修，采用预制装配式的建筑体系，综合运用外墙、楼梯、叠合楼板、阳台板等预制混凝土部品构件，预制率达到15%以上，装配率达到30%以上，逐步提高产业化住宅项目的预制率和装配率。

5）北京市

2015年3月，北京市住房和城乡建设委员会关于印发《2015年北京市建筑节能与建筑材料管理工作要点》的通知，通知中指出要求加快推进住宅产业现代化工作。编制并发布全产业链集团企业名录，并支持其申报国家住宅产业化基地；推进以全产业链集团企业或联合体作为工程建设实施方的试点；加快产业化住宅部品生产基地的建设；加强产业化住宅部品认证产品目录的评审与核查工作。

1.4.2 建筑工业化建造现行标准

1. 国家标准

1）《工业化建筑评价标准》（GB/T 51129—2015）

自2016年1月1日起，由住建部住宅产业化促进中心、中国建筑科学研究院会同有关单位历时两年多编制的国家标准《工业化建筑评价标准》正式实施。

该标准由总则、术语、基本规定、设计阶段评价、建造过程评价、管理与效益评价6章组成，对"工业化建筑""预制率""装配率""预制构件"等9个专业名词进行了明确定义。所以"预制率"有了更规范和准确的定义：工业化建筑室外地坪以上的主体结构和围护结构中，预制构件部分的混凝土用量占对应构件混凝土总用量的体积比。"装配率"也有了规范说法：工业化建筑中预制构件、建筑部品的数量（或面积）占同类构件或部品总数量（或面积）的比率。同时，该标准明确了参评项目的预制率不应低于20%，装配率不应低于50%。标准还规定，申请评价的工程项目应符合标准化设计、工厂化制作、装配化施工、一体化装修、信息化管理的基本特征。

该标准对建筑设计、构件制作、施工装配、室内装修的一体化施工技术与组织管理进行了清晰的描述和界定，体现了设计、生产、运输、吊装、施工、装修等环节的协同配合，这对加强工业化建筑项目的工程计划、技术措施、质量控制、材料供应、岗位责任等都具有重要的作用和意义。

2）《建筑产业现代化国家建筑标准设计体系》

2015年6月，住建部印发由中国建筑标准设计研究院等单位编制的《建筑产业现代化国家建筑标准设计体系》，提出了建筑产业化标准设计体系的总框架。

本体系按照主体、内装、外围护三部分进行构建，其中主体部分包括钢筋混凝土结构、钢结构、钢-混凝土混合结构、木结构、竹结构等；内装部分包括内墙、地面吊顶系统、管线集成、设备设施、整体部品等；外围护部分包括轻型外挂式围护系统、轻型内嵌式围护系统、幕墙系统、屋面系统等内容，见图1.3。

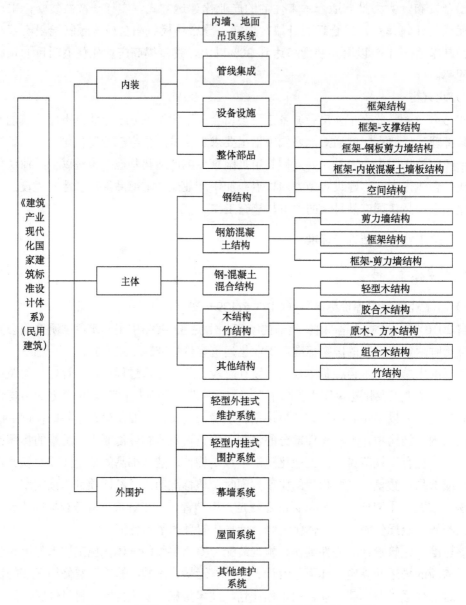

图1.3 《建筑产业现代化国家建筑标准设计体系》总框架

2. 行业、协会及地方标准

行业、协会及地方标准见表1.1。

表 1.1 行业、协会及地方标准

类别	编号	名称
行业标准	JGJ 1—2014	装配式混凝土结构技术规程
	JGJ 224—2010	预制预应力混凝土装配整体式框架结构技术规程
	JG/T 408—2013	钢筋连接用套筒灌浆料
	JG/T 398—2012	钢筋连接用灌浆套筒
		装配式住宅建筑设计规程
	JGJ 355—2015	钢筋套筒灌浆连接应用技术规程
协会标准	CECS 43：92	钢筋混凝土装配整体式框架节点与连接设计规程
	CECS 52—2010	整体预应力装配式板柱结构技术规程
地方标准	香港（2003）	装配式混凝土结构应用规范
	上海 DG/TJ 08-2071—2010	装配整体式混凝土住宅体系设计规程
	上海 DG/TJ 08-2069—2010	装配整体式住宅混凝土构件制作、施工及质量验收规程
	上海 DBJ/CT 082—2010	润泰预制装配整体式混凝土房屋结构体系技术规程（附条文说明）
	北京 DB11/T1030—2013	装配式混凝土结构工程施工与质量验收规程
	北京 DB11/1003—2013	装配式剪力墙结构设计规程
	深圳 SJG 18—2009	预制装配整体式钢筋混凝土结构技术规范（条文说明）
	深圳 SJG 24—2012	预制装配钢筋混凝土外墙技术规程
	辽宁 DB21/T 1868—2010	装配整体式混凝土结构技术规程（暂行）
	辽宁 DB21/T 1872—2011	预制混凝土构件制作与验收规程（暂行）
	黑龙江 DB23/T 1400—2010	预制装配整体式房屋混凝土剪力墙结构技术规范
	安徽 DB34/T 810—2008	叠合板式混凝土剪力墙结构技术规程
	江苏 DGJ32/TJ 125—2011	预制装配整体式剪力墙结构体系技术规程
	江苏 DGJ32/TJ 133—2011	装配整体式自保温混凝土建筑技术规程
	吉林	预制钢筋混凝土复合保温外墙挂板技术规程
		装配整体式混凝土剪力墙结构体系住宅技术规程
		成品住宅室内装修标准
	湖南	混凝土叠合楼盖技术规程
		钢框架技术标准
		多层装配式混凝土结构技术规程
		装配式 PC 结构技术规程
		部品部件生产检测标准（在编）
		装配式建筑施工质量安全验收标准（在编）

第2章 建筑工业化建造的发展与现状

2.1 国外建筑工业化建造发展

2.1.1 概述

国外发达国家的建筑工业化经历了三个阶段：建筑工业化形成的初期（20世纪50～60年代）重点是建立工业化生产体系；建筑工业化的发展期（20世纪70～80年代）重点是提高住宅的质量和性能；建筑工业化发展的成熟期（20世纪90年代后）重点转向节能、降低住宅的物耗和对环境的负荷、资源的循环利用，倡导绿色、生态、可持续发展。

20世纪50年代，欧洲由于受第二次世界大战的严重创伤，对住宅的需求非常大。为解决房荒问题，欧洲一些国家采用了工业化方式建造了大量住宅，工业化住宅逐渐发展成熟，并延续至今。60年代，工业化住宅的发展高潮遍及欧洲各国，并发展到美国、加拿大、日本等经济发达国家。美国的工业化住宅起源于30年代，据美国工业化住宅协会统计，到2001年，美国的工业化住宅已经达到了1000万套，占美国住宅总量的7%，为2200万的美国人解决了居住问题。预制混凝土Precast Concrete建筑（简称PC建筑）最早起源于19世纪的欧洲，如1875年英国的首项PC专利，1920年美国的预制砖工法、混凝土"阿利制法"等，这些都是早期的预制构件施工技术。20世纪50年代，欧洲一些国家采用装配式方式建造了大量住宅，形成了一批完整的、标准的、系列化的住宅体系，并在标准设计的基础上生成了大量工法，并延续至今。

2.1.2 欧洲

1. 德国

1）发展历程

（1）第二次世界大战后的快速发展阶段：第二次世界大战以后，联邦德国地区70%～80%的房屋遭到破坏，随之而来的是城市人口急剧增加，住房问题显得尤为突出，德国的建筑工业化在第二次世界大战后得到迅猛发展。

（2）现阶段（20世纪80年代至今）：经过几十年的发展，德国的建筑产业化技术已相当成熟，几乎所有的建筑部件和装修材料都是根据设计要求在工厂预制完成的，施工现场是全组装式施工方式。其中，承重混凝土部件、内隔墙、屋顶、天花、楼梯等建筑部件，在工厂预制时，均被编上代码，方便信息查询。

2）发展特征

目前德国的建筑工业化发展特征见表2.1。

表2.1 德国的建筑工业化特点

序号	特点	阐述
1	建筑产业的科技含量高	运用计算机辅助设计，以建筑模型为依据，验证材料的物理特性，开发、选择符合标准的建筑材料和装修材料，淘汰落后的工艺和产品，以确保建筑物的坚固性
2	黏结技术 先进	例如，为防止屋面渗漏和墙面翘裂，在实心屋顶、塑钢门窗、门窗接缝处均采用新开发的液体防水材料，其抗老化性能和抗折性能大大优于传统的沥青油毡防水材料
3	构件安装质量高	构配件安装，位置非常准确，阴阳角线横平竖直，上下水管线一律集中设置，施工后全部封闭，卫生间、厨房间表面看不到一根管线
4	广泛应用节能技术和环保技术	不断提高预制加工件的档次和质量，最大限度地减少自然资源的生态负担，在房屋供暖、饮用水、垃圾处理以及交通和环境方面，既考虑了用户需要，又保护了环境

2. 瑞典

1）发展历程

瑞典住宅产业发展中部品的尺寸、连接等标准化、系列化为提高部品的互换性创造了条件，从而使建筑工业化得到快速发展。具体发展阶段见表2.2。

表2.2 瑞典建筑工业化发展过程

大规模发展阶段（20世纪50～70年代）	为了解决战后房荒问题，在这一阶段大规模进行住宅建设，借助工业化住宅体系提升生产效率，大力提高住宅性能，重点完善标准化体系，并于1967年颁布《住宅标准法》
发展成熟阶段（20世纪80年代）	随着住房短缺问题缓解，该时期的瑞典建筑工业化重点由大规模建造到提高住宅的质量和性能上，其发展进入成熟期
平稳发展阶段（20世纪80年代后）	随着新建住宅数量的减少，瑞典政府制定了一系列面向生态住宅的资助政策，鼓励和引导建造商建造与环境和谐发展的高性能住宅，引领全球可持续发展的住宅方向

2）发展特征

（1）在较完善的标准体系基础上发展通用部件。

瑞典早在20世纪40年代就着手建筑模数协调的研究，并在60年代大规模建设时期，建筑部件的规格化逐步纳入瑞典工业化标准（Svensk Industri Standard，SIS），并在此基础上大力发展通用部品体系。目前在瑞典的新建住宅中，采用通用部件的住宅占80%以上。部件的尺寸、连接等标准化、系列化为提高部件的互换性创造了条件，从而使通用体系得到较快的发展。

（2）通用体系的发展是完善的标准化和政府贷款制度的结合。

为了推动建筑工业化和通用体系的发展，瑞典1967年制定的《建筑标准法》规定，只要使用按照瑞典国家标准协会的建筑标准制造的建筑材料和部件来建造建筑，该建筑的建造就能获得政府的贷款。

（3）建筑建设合作组织起着重要作用。

居民储蓄建设合作社（Household Savings Cooperative，HSB）是瑞典合作建房运动的主力。它组织开展了材料和部件的标准化工作，规格标准反映了设计人员和居民的意见，符合广大成员的要求。

2.1.3 北美

1. 美国

1）发展历程

由于美国住宅建筑没有受到第二次世界大战的影响，因此没有走欧洲的大规模预制装配道路，而是注重于住宅的个性化、多样化。具体的发展的过程见表2.3。

表2.3 美国建筑工业化发展历程

大规模发展阶段 （20世纪30～40年代）	由于工业化与城市化进程的加快，城市住宅的需求量剧增，而当时经济萧条，为扩大内需、刺激经济发展，美国政府制定了一系列促进住宅产业大力发展的政策与制度，深入促进住房建设和解决中低收入住房的问题
模数化制度完善阶段 （第二次世界大战以后）	模数制度在设计与施工过程中不断地完善；1976年，美国住房城市发展部颁布了预制住宅施工和安全标准（HUD-Code），使得工厂预制住宅比现场施工住宅的安全性更有保障，预制框架住宅逐步占据美国住宅市场
日益成熟阶段	经历过几十年的发展，美国的建筑工业化已经达到了非常高的水平，并相继渗透到国民经济的各个方面，建筑及其产品专业化、商品化、社会化的程度很高，主要表现在如下方面：高层钢结构建筑基本实现了干作业，达到了标准化、通用化；独户式木结构建筑、钢结构建筑在工厂里生产，在施工现场组装，基本实现了干作业，达到了标准化、通用化；室内外装修的材料和设备、设施种类丰富，用户可从超市里买到，非专业的消费者可以按照说明书自己组装房屋，现场施工对于技术人员的依赖逐步减少
可持续发展阶段 （20世纪90年代后）	20世纪90年代，美国制定了"节能之星"评定制度，这一制度旨在倡导节能环保，促进住宅开发商不断研制新技术、新型房屋设备系统。由人们对住宅可持续的关注可见，工业化生产方式能够满足人们对住宅环保、节能、生态等各方面的诸多要求

2）发展特征

（1）建筑政策、标准和安全标准完备。

美国政府对于工业建筑的设计、施工、节能、抗风、采暖制冷以及管道系统等都制定了详细标准，所有住宅产业必须符合联邦工业化建筑建设和安全标准才能出售。美国的建筑市场体系非常完善，其建筑市场的专业化、社会化程度很高。

（2）政府科研技术的支撑。

美国政府非常重视新技术的研究工作，国会每年拨付住房和城市发展部1000万美元经费专门研究和开发新技术，委托美国国家建筑技术研究中心负责建筑技术的研究开发工作；近年来 BIM 技术的全面应用也进一步推动了住宅产业的发展。

（3）市场力量的持续促进作用。

在美国建筑工业化的发展历程中，市场力量起着核心的作用，而政府主要起引导与辅助的作用，比如利用税收进行刺激住宅开发商建房。美国的建筑工业化是在不断满足市场的需求中发展起来的。

（4）美国建筑大部分建筑为木结构或轻钢结构。

美国的建筑大多采用木结构或轻钢结构，用户可自行设计房屋，再按照建筑产品目录，到市场上采购建筑房屋所需的材料、部品等，最后委托承包商建造；采用工业化的建造方式，一般 3~4 层木结构独栋 2 周交工。

2. 加拿大

加拿大国土面积居世界第二位，而人口数量却居世界三十八位，没有受到第二次世界大战的影响。因为此种现实条件，加拿大建筑工业化发展从发育到成熟均与欧洲不同。在住宅建设上，没有走欧洲大规模预制构件装配式道路，而是选择以低层木结构装配式住宅为主，侧重突出住宅的个性，提高住宅产品的舒适度和多样化；在住宅技术上，注重太阳能、风能、地热的研究开发及推广，利用高新技术推动产业进步，注重污水处理和回收技术、生活垃圾处理和再利用技术等资源的循环使用技术，推崇可持续发展为产业进步的最终目的；在住宅管理上，加拿大拥有较为先进的管理机制，从建筑的设计、构件制作、部品配套到施工安装等各环节一般由一家企业独立完成，减少了中间环节，虽然社会化大协作没有在建造过程中体现，但这种方法节约了住宅建设成本，并提高了产品质量，这样的管理机制有利于最终产品的整体考虑和细部完善。

2.1.4 亚洲

1. 日本

1）发展历程

20 世纪 50 年代，第二次世界大战后的日本为了医治战争创伤，为流离失所的人们提供保障性住房，开始探索以工业化生产方式、低成本、高效率地制造房屋，工业化住宅开始起步。1955 年设立了"日本住宅公团"，以它为主导，开始向社会大规模提供住宅。住宅公团从一开始就提出工业化方针，以大量需求为背景，组织学者、民间技术人员共同进行了建材生产和应用技术、部品的分解与组装技术、商品流通、质量管理等产业化基础技术的开发，逐步向全社会普及建筑工业化技术，向建筑工业化方向迈出了第一步。具体发展的过程如表 2.4 所示。

2）发展特征

（1）政府主导标准化工作扎实前进。

1969 年，日本通产省就制定了"推动住宅工业化标准化五年计划"并加以认真组织实施。对材料、设备、制造、建筑性能、结构安全等各类标准进行调查、研究、整合和制定，为企业实现建筑产品规模化、商品化生产和供应创造了良好的条件。

表 2.4　日本建筑工业化发展历程

大规模发展阶段 （20 世纪 50～60 年代）	第二次世界大战以后住宅需求急剧增加，而建筑技术工人和熟练工人明显不足。为了简化现场施工，提高产品质量和效率，日本政府开展采用工厂生产住宅的方式进行大规模住宅的建设
满足基本住房需要阶段 （20 世纪 60 年代～1973 年）	日本制定了一系列的建筑工业化方针、政策，并统一模数标准，逐步实现标准化与部品化。20 世纪 70 年代大企业联合组建集团进入建筑产业，技术上产生了盒子住宅、单元住宅等多种形式，该时期是日本住宅产业的成熟期
个性化需求阶段 （1973～1985 年）	1973 年之后，一方面，住宅户数开始逐步超过家庭户数；另一方面，厂家开始不能适应市场个性化的需求。而此时，日本在推行工业化住宅的同时，重点发展了楼梯单元、储藏单元、厨房单元、浴室单元、室内装修体系以及通风体系、采暖体系、主体体系和升降体系等，住宅的质量功能大幅提高，日本的建筑工业化在 20 世纪 80 年代中期进入稳定发展阶段
高品质住宅阶段 （1985 年以后）	1985 年以后，日本几乎已经没有采用传统手工方式建造的住宅了，全部住宅采用新材料、新技术，绝大多数住宅采用了工业化部件；90 年代，开始采用产业化方式形成住宅通用部件，其中 1418 类部件取得"优良住宅部品认证"。住宅产业在满足高品质需求的同时，完成了自身规模化和产业化的结构调整，进入成熟期

（2）科研、设计、生产一体化为实现建筑工业化提供了有利条件。

日本建筑产业多以大企业集团为载体，这些大企业大多重视科研投入，有较强的科研能力，注重对建筑文化、人的需求、家庭结构的演变、科技对建筑的影响等因素的研究，不断改进建筑的文化和科技含量，适应市场广泛需求。

（3）实行严格的质量认证制度。

日本政府在 20 世纪 70 年代建立了新的优良部品认定制度，即 BL（Better Living）部品制度，完成了 KJ（公团住宅）部品（1960）向 BL 部品（1974）的转变。日本的全面质量控制（Total Quality Control，TQC）工作本来就比较扎实，在建筑产业领域，优良部件的认证——BL 部件认证，使建筑部件化工作发展迅速，从而为产业化奠定了基础。

（4）可持续发展的原则引导建筑设计。

日本对建筑的生产始终强调经济、实用的原则。建筑的建材除了环保技术的应用而大量推广重复利用废弃料，还体现就地取材、节能节材的原则。

（5）不断发展住宅产业工作。

日本每个五年计划都确定 1～2 个住宅产业技术开发研究的目标，从高层建筑工业化体系、节能化体系到现在的智能化建筑体系和生态建筑体系，集中优势攻关，各个击破。

（6）住宅产业集团的发展。

日本建筑工业化的发展很大程度上得益于住宅产业集团的发展。住宅产业集团是应建筑工业化发展需要而产生的新型住宅企业组织形式,是以专门生产住宅为最终产品的,集住宅投资、产品研究开发、设计、配构建部品制造、施工和售后服务于一体的住宅生产企业,是一种智力、技术、资金密集型、能够承担全部住宅生产任务的大型企业集团。

2. 新加坡

1) 发展历程

新加坡建筑工业化具体发展历程如表 2.5 所示。

表 2.5　新加坡建筑工业化发展历程

阶段	内容
第一次工业化尝试阶段 （20 世纪 60 年代）	为解决住房紧张问题,新加坡政府开始尝试推行住宅工业化;1963 年为研究大板预制体系对当地条件的适用性,引入法国的大板预制体系建造了 10 栋以标准三房为单位的工业化建筑,但是由于现场和工人的管理问题、财务问题,以及当地承包商缺乏相应经验等问题而宣告失败
第二次工业化尝试阶段 （20 世纪 70 年代）	1973 年,为了加快住宅建设速度,减少劳动力的使用数量并从预制技术中获益,引入丹麦的大板预制体系计划 6 年内建造了 8820 套 4 栋的工业化住宅,但是由于丹麦承包商的施工管理不适应当地条件,以及 1974 年石油价格上涨所致的建造成本增加,项目最终宣告失败
第三次工业化尝试阶段 （20 世纪 80 年代）	尽管前两次引进工业化建筑方式都失败了,但是为了提高建筑行业的技术水平和劳动生产率,1981 年和 1982 年,新加坡做了第三次尝试,为了得到适应新加坡本土国情的工业化建筑方法,先后与澳洲（2 个）、日本、法国、韩国和新加坡的承包商签订了 6 份合约,分别采用 6 种不同的建筑系统进行试验。通过对几个项目的评估,结合自身发展需要,新加坡决定采用预制混凝土组件,如外墙、楼板、走廊护墙等进行组装建设的形式。本土化策略的实行使得新加坡的建筑工业化走向成熟

2) 发展特征

（1）国家主导并制定合适的行业规范。

新加坡的建筑工业化主要是通过组屋计划得以实施和发展的,建屋局既是政府机构又是房地产经营企业,其制定行业规范来推动建筑工业化的发展。

（2）经济支撑经验丰富的外资承包商。

在发展初期,为了吸引国外承包商,新加坡对承包商的工厂及设备投资提供免息融资,通过经济手段实际推动外资承包商在新加坡的发展,推动其建筑工业化进程。

（3）建筑工业化实施本土化策略。

通过相应失败的经验,新加坡当局非常重视其建筑工业化的本土化策略,针对新加坡自身的建筑市场特点,吸取国外先进经验,走符合其国情的产业化道路。

2.2 我国建筑工业化建造发展

2.2.1 概述

1. 我国建筑工业化发展历程

第一阶段：20世纪50~80年代的创建和起步期。50年代提出向苏联学习工业化建设经验，学习设计标准化、工业化、模数化的方针，在建筑业发展预制构件和预制装配件方面进行了很多关于工业化和标准化的讨论与实践；六七十年代借鉴国外经验和结合国情，进一步改进了标准化方法，在施工工艺、施工速度等方面都有一定的提高；80年代提出了"三化一改"方针，即"设计标准化、构配件生产与工厂化、施工机械化"和"墙体改造"，出现了用大型砌块装配式大板、大模板现浇等住宅建造形式，但是由于当时产品单调、造价偏高和一些关键技术问题没有得到解决，建筑工业化综合效益不高。这一时期可以说是在计划经济形式下政府推动的，以住宅结构建造为中心的时期。

第二阶段：20世纪80年代~2000年的探索期。80年代住房开始实行市场化的供给形式，住房建设规模空前迅猛，这个阶段我国工业化方向做了许多积极意义的探索，例如，模数标准与工业化紧密相关，1987年我国制定了《建筑模数统一标准》，主要用于模数的统一和协调。部品与集成化也开始在90年代的住宅领域中出现，这个时期相比与主体工业化，主体结构外的局部工业化较突出，同时伴随住房体制的改革，对住宅产业理论进行了相关研究，主要以小康住宅体系研究为代表，但这个时期建筑工业化与房地产的建设发展脱节。

第三阶段：2000年至今的快速发展期。这个时期关于住宅产业化和工业化的政策与措施相继出台。政策方面如下所述。国务院1999年颁布了《关于推进住宅产业现代化提高住宅质量的若干意见》（72号文），住宅产业化的概念正式提出，强调住宅建设必须注重"四节一环保"，即节能、节地、节水、节材和环境保护。1999年建设部颁发《商品住宅性能认定管理办法》，1999年国家康居住宅示范工程开始实施，2004年提出了发展节能省地型住宅的目标，并将其作为实现节能减排目标以及建设资源节约型社会的重大举措。2006年建设部颁布了《国家住宅产业化基地实施大纲》。2008年开始探索SI住宅技术研发和"中日技术集成示范工程"。在装修方面进一步倡导了全装修的推进。近年来，地方政府关于住宅工业化的政策也相继出台，其中北京、上海、深圳、沈阳等城市也专门制定了规范。这个时期是我国建筑工业化真正进入全面推进的时期，工业化进程也在逐渐加快推进，但是总体仍步履蹒跚、任重道远。

2. 目前我国建筑工业化发展概况

现按照我国区域可以划分为如下三类：以北京为中心的京津冀和以上海、江苏为中心的长三角地区，已成为我国建筑产业现代化的两大引擎，由于具备良好产业基础、技术研发及人才集聚优势，以及较成熟的市场分工协作，未来将成为我国建筑产业化发展的重点核心区；以深圳、广州为中心的珠江三角洲和以沈阳、大连、长春为中心的东北工业基地是我国建筑产业现代化的第二梯队即主要发展区，产业基础好、市场需求大，未来发展潜力也很大；以合肥、济南、青岛、成都、武汉、长沙等部分中心城市组成的我国建筑产业现代化的第三梯队即中部城市，初步具备了建筑产业现代化发展的基础条件。

2.2.2 重点核心区

1. 上海

1）发展背景

近年来，上海以建设国家建筑产业现代化试点城市为契机，推进重点项目落地，通过在政策引导、技术先行、监管创新、产业培育等方面下工夫，有效地推动了装配式建筑规模化发展。发展装配式住宅是上海实施住宅建设行业推进"创新驱动发展、经济转型升级"的重要举措，也是切实转变城市建设模式，建设资源节约型、环境友好型城市的现实需要。

2）发展状况

（1）支撑体系基本完善。

2011～2013 年，上海相继出台了《关于加快推进上海住宅产业化的若干意见》《关于上海鼓励装配整体式住宅项目建设的暂行办法》《关于上海进一步推进装配式建筑发展的若干意见》（以下简称"若干意见"），这些意见形成了以土地供应为主要抓手，建立了政府主导与企业主体相结合、面上推开与重点推进相结合、制度规定与措施激励相结合的推进制度。强制方面，以土地供应环节为抓手，要求各区县按供地可建住宅面积 2013 年不低于 20%、2014 年不低于 25%的比例落实装配式住宅。激励方面，对于土地出让或划拨文件中没有要求的住宅项目，形成了预制外墙建筑面积豁免政策；同时，形成了建筑节能专项资金补贴政策。

2014 年 6 月，上海出台了《上海市绿色建筑发展三年行动计划（2014—2016）》，明确各区县政府在本区域供地面积总量中落实的装配式建筑的建筑面积比例 2015 年不少于 50%；2016 年，外环线以内符合条件的新建民用建筑原则上全部采用装配式建筑，装配式住宅规模将大幅度提高。

上海专门建立了"上海市新建住宅节能省地和住宅产业化发展联席会议"，由市政府分管领导作为召集人，相关部门作为成员单位，形成全市这项工作推进的统筹协调平台，共同组织制定和协调落实住宅产业化发展规划、计划、政策措施与项目建设。相关区县也积极行动起来，成立区级层面推进这项工作的联席会议或工作小组，形成组织保障。

2010 年，上海出台了《装配整体式混凝土住宅体系设计规程》和《装配整体式住宅混凝土构件制作、施工及质量验收规程》。2013年又出台了《装配整体式混凝土结构施工及质量验收规范》和《装配整体式混凝土住宅构造节点图集》以及装配式建筑补充定额。初步形成了不同住宅体系设计、施工、构件制作、竣工验收等规范。

目前，上海已经初步搭建了由相关房产企业、设计单位、施工单位、构件生产企业和科研单位组成的装配式住宅上下游产业链企业交流平台，多次召开产业链技术交流会议，相关企业之间已形成了互动、交流、合作的良好局面。同时，相关政策对全市装配式住宅的发展起到了很大的推动作用，上海装配式住宅已竣工约60万m^2，自2013年8月"若干意见"出台以后，已落实装配式住宅项目约170万m^2，部分已进入施工阶段。

（2）产品需求尚待释放。

1999年国务院办公厅出台《关于推进住宅产业现代化提高住宅质量的若干意见》，十余年来它成为全国各地推动住宅产业化工作的纲领性文件。2012年财政部和住建部联合发布的《关于加快推动我国绿色建筑发展的实施意见》中也明确了要积极推动住宅产业化。

但结合新的形势，围绕装配式住宅的发展，在国家层面亟需出台针对性的纲领性文件加以指引和支撑，在地方层面也需要加强相关政策法规的制定，否则各地方和企业各自为营，散沙式发展，不利于这项工作持续健康开展。产业链层面，随着全国各地装配式住宅的大规模推进，需要进一步推进能力建设。目前，无论是对全国还是上海而言，面对即将大规模进入前期规划和实施阶段的装配式住宅项目，上下游产业链上的设计、施工等方面资源相对不足，除了较早投身装配式住宅的企业，不少开发企业以及设计、施工、监理等单位对装配式住宅技术还不熟悉，缺乏相应经验，预制构件的生产水平和能力也要相应提升。

目前，上海市普通消费者对装配式住宅尚不够了解，对其提高房屋质量和精度以及提升房屋综合性能等方面的优势还没有真切的感受，消费者对装配式住宅产品的需求还没有凸现出来。缺乏一定规模的装配式住宅市场需求基础，房地产业的相关企业就不会有动力改变目前的开发建设模式。

3）发展展望

（1）促进装配式住宅上下游产业链发展。

未来，上海将充分借鉴国内外经验，通过继续加强政策法规建设，进一步创新和固化推进装配式住宅激励与强制相结合的政策措施。强化市场主体、工厂制作、现场施工等的监管要求。制定培育和发展产业链的措施，并在各个层面着力培育和发展上下游产业链。研究相关促进办法，调动和鼓励装配式住宅相关企业的积极性。通过加强信息沟通、提供政策业务培训，搭建技术研发平台，推进标准化、模数化，创造转型发展条件和环境等途径，引导开发企业加大装配式住宅项目投资开发力度，支持设计、施工、监理等企业及时调整业务结构，增强装配式住宅业务能力，引导区域内预制构件厂合理布局，提升预制构件的生产水平和能力，从而促进装配式住宅上下游产业链加快发展，为大规模推进实施创造条件。

(2) 研发推广先进技术以创新监管机制。

质量和安全是推进住宅产业化的生命线，需要借鉴国内外经验，创新监管机制。建议逐步推广 BIM 系统和 RFID 射频技术的应用。完善装配式住宅施工图设计深度要求、审查要点和审查机制，加快形成施工现场质量安全监督办法和监管手段。

(3) 提高市民认同度。

要在社会营造装配式住宅发展的良好氛围，加强对市民的引导，鼓励百姓了解、参与、支持装配式住宅的发展，提高市民对装配式住宅发展的社会认知度和认同度。

2. 北京

1) 发展背景

2008 年北京奥运会后，北京站在新的历史高度，提出推动首都科学发展，建设"人文北京、科技北京、绿色北京"的战略构想。推进建筑工业化，改变传统方式，将使住宅产业逐步走上科技含量高、环境污染少、经济效益好的道路。另外，《北京市"十二五"时期民用建筑节能规划》提出，"十二五"时期北京市将以保障性住房为重点，全面推进建筑工业化。在此背景下，北京市将大规模发展建筑工业化。

2) 发展状况

(1) 政策先行，政府引导。

2010 年发布了《关于推进本市住宅产业化的指导意见》，明确了推进建筑工业化的指导思想、基本原则、目标任务以及主要措施；率先出台了《关于产业化住宅项目实施面积奖励等优惠措施的暂行办法》，在全国起到示范引领作用；发布了《关于在保障性住房建设中推进住宅产业化工作任务的通知》，明确了保障性住房实施住宅产业化的工作目标、实施标准、实施范围、工作要求和监督检查等要求。

(2) 试点工程有序推进。

北京市在试点示范的基础上，2012 年以保障性住房为重点推进建筑工业化工作，发布了《关于在保障性住房建设中推进住宅产业化工作任务的通知》和《关于 2012 年在保障性住房建设中推进住宅产业化工作的实施方案》，明确了保障性住房的产业化建设任务。试点示范项目的开展对政策落实、产业链整合、质量控制以及关键技术的研究和标准体系的完善提供了有效的平台与实践依据，起到了良好的带动和示范效应。

(3) 标准体系逐步建立。

《北京市混凝土结构产业化住宅项目技术管理要点》明确了产业化住宅的标准、主要推广的结构体系和预制构配件类型，对建筑工业化项目的技术指导有着重要的意义；在该技术要点的基础上，制定了《北京市产业化住宅项目最低技术要求》；在保障性住房推进产业化方面，《北京市公共租赁住房建设技术导则（试行）》明确要求公租房应符合住宅产业化要求，强制性规定了公租房必须实现全装修入住、必须使用太阳能热水系统等。《北京市保障性住房规划建设设计指导性图集》《北京市公共租赁住房标准设计图集（一）》用于指导全市保障性住房的建设；部分地方标准也已经报批。

(4) 技术研究逐步深化。

开展了"住宅建设工业化关键技术及相关技术研究与示范""钢筋混凝土结构产业化住宅技术标准、质量检测与控制研究"等建筑工业化相关研究工作,建立了高效节能环保的自动化住宅工业化示范生产线,开展了住宅构件定型、无损检测技术、保温夹心墙板的制作方法与安装工艺、钢筋套筒灌浆连接技术及施工安装精度控制技术、建筑热工性能等方面的研究。目前研究成果已应用于多个试点工程,示范作用显著。

(5) 企业参与度明显提升。

随着北京市建筑工业化推进工作的深入开展,全市对建筑工业化认识的提高,目前市有关企业开展建筑工业化相关工作的热情明显提升。市保障性住房投资中心明确在保障房建设中坚定走产业化道路、稳步推进的工作思路;北京万科计划在房山长阳建设产业化住宅研发基地;北京榆构有限公司成立了预制部品研究院;市住总集团、市政路桥集团正筹备建设预制部品的生产基地;市建工集团、金隅集团、中建一局等企业也积极开展建筑工业化的设计、施工技术、工法的研究工作。

3) 发展展望

(1) 加强建筑工业化的立法工作。

在修订《北京市建筑节能管理规定》时,增加了关于建筑工业化相关内容,明确推进建筑工业化工作的实施原则、推进政策、实施主体、监督管理和法律责任。

(2) 加快研究与制定激励促进政策。

重点研究以下几方面:对建筑工业化项目减免城市基础设施建设费政策;对承诺采用产业化方式建设的投标人优先拿地;将建筑工业化内容纳入招标投标和施工合同的管理工作中;在工程招投标过程中对承诺采用产业化方式建造的投标人予以加分;鼓励产业化部品企业的创新发展,支持大型企业建设大型预制部品生产线;针对预制部品生产企业、申报高新技术企业实施倾斜政策;利用散装新型墙体材料专项基金、中小企业创新基金等对企业进行支持。

(3) 继续深化建筑工业化关键技术研究。

继续组织开展建筑工业化关键技术研究,包括装配式大开间框架-剪力墙住宅结构及关键技术开发、住宅装配式内装标准化研究及产品开发应用、结构装饰保温一体化外墙板及其配套产品的研究与开发、新型高效大直径钢筋套筒灌浆连接节点产品开发及应用、高层钢结构住宅建筑体系研究及工程示范、BIM信息化技术在产业化住宅中的应用研究、北京地区农村建筑工业化技术研究等。

(4) 培育产业集团,完善资源配置。

以市场为导向,整合产业链资源,鼓励绿色建筑和建筑工业化开发、设计、部品生产、施工、物流企业、科研单位及咨询服务机构组成联合体,形成优势互补、实力雄厚、信誉良好的大型产业联盟。调整产业布局,在北京市东、南、西、北4个区域扶持建设若干家预制部品生产企业,使生产能力适应产业化住宅建设需要。

2.2.3 主要发展区

1. 深圳

1) 发展背景

深圳的住宅产业经历了多年的高速度增长,取得了瞩目的成绩。深圳 2006 年的固定投资与房地产投资额分别为 1273.67 亿元和 462.09 亿元,房地产占固定资产投资的比例高达 36.28%。深圳的住宅建设水平、市场化程度和销售情况均居于全国城市前列,初步形成了一个行业相对齐全、产品相互配套的产业体系,在全市国民经济中一直占有较高的比重。但是深圳的发展空间有限,人多地少、开发密度大,可供经济发展用地严重不足。如果依靠传统的生产方式,随着土地供应的逐渐减少、对水和能源等资源的过度消耗,那么整个产业的增长态势将减弱,难以保持可持续发展。

根据数据显示,深圳住宅产业(不含居民消费用电)占深圳总能源的 40%。深圳住宅产业的平均科技贡献率还达不到集约化发展产业的 50%这一基本要求。因此,深圳市委市政府决定从 2002 年开始,大力开展了建筑工业化的推进工作。深圳作为全国首个住宅产业现代化综合试点城市,大力发展住宅产业现代化。

2) 发展状况

(1) 政策引导,定位清晰。

近年来,深圳市委市政府高度重视建筑产业化在深圳经济发展、城市建设中的作用,已将建筑产业化定位为"建设领域创造深圳质量、打造深圳标准、铸就深圳品牌的重要手段"。以全寿命周期内的"两升两降"为目标,主要通过产业化方式和手段,实现建筑业生产方式的"两升两降",即提升质量、提升效率、降低人工、降低能耗。

基于《住宅产业化发展战略研究》《住宅产业化新型结构体系和建造体系研究》《住宅产业化项目建设全过程关键节点行政服务要求研究》等系列调查研究,确定了深圳市以土地出让、保障房先行、建筑面积奖励为引导的鼓励政策,以标准化设计、装配式施工为核心的技术方向,以示范基地、试点项目为依托的产业整合。

(2) 标准化工作主导。

坚持标准先行,提供技术支持。发布了《预制装配整体式钢筋混凝土结构技术规范》《预制装配钢筋混凝土外墙技术规程》《深圳市住宅产业化试点项目技术要求》《深圳市住宅产业化项目单体建筑预制率和装配率计算细则(试行)》等,进一步规范深圳市住宅产业化项目的建设。

之后历经两年多时间,完成了《保障性住房标准化系列化设计研究》,随后发布了《深圳市保障性住房标准化设计图集》,推出了深圳第一代保障性住房工业化产品,用于指导和规范保障性住房全过程产业化建设,进一步提升保障性住房的建设质量、降低建设成本、缩短建设周期。

（3）国家基地带动产业创新发展。

深圳作为一个地理区域不大的城市，已经成功培育了 4 个国家级建筑工业化示范基地，基地组成覆盖全产业链；同时孵化了 35 个市级示范基地和项目，培育了 3 个国家康居示范工程；已建和计划在建住宅产业化工程项目已达到 300 万 m^2，其中，龙华龙悦居三期项目荣获住建部首届保障性住房设计竞赛"一等奖""最佳产业化实践奖""住宅产业化技术创新奖"；同时正在光明新区筹建绿色建筑和建筑工业化科技园区。龙头企业和示范项目的引领示范成功带动行业整体创新发展。

3）发展展望

深圳建筑工业化工作已经开始进入一个全面铺开的新局面。下一步，深圳将以"创建示范城市，提升建筑质量"为目标，进一步加大建筑工业化推进力度，在"十三五"期间基本形成建筑工业化配套的政策、法规、标准及技术体系和完整的产业链。

（1）抓好建筑产业现代化统筹工作，编制"十三五"发展规划。

研究将推进建筑工业化工作扩大到建筑产业现代化，并上升为政府规章制度。"十三五"期间启动立法程序，通过立法手段推广建筑产业现代化。

（2）理顺建筑产业现代化行政服务工作。

要细化住建、规土、市场监督等部门的协同服务流程和要求，建立与建筑产业现代化项目相适应的土地供应、规划设计、图纸审查、部品质量、建设监管、运营管理等方面的行政服务制度。

（3）完善建筑产业现代化技术标准体系。

推广住宅标准化工业化产品，在政府投资建设的保障性住房中，推广使用《深圳市保障性住房标准化设计图集》和工业化建造技术，完善深圳第一代保障性住房的工业化产品。健全建筑工业化标准定额，填补装配式混凝土结构造价定额的空白，为建设和施工单位工程造价计价提供参考依据。

（4）扩大试点示范工作范围。

加大建筑工业化示范基地建设力度，培育和发展一批产业关联度大、带动能力强的建筑工业化龙头企业。

（5）加强相关人员教育培训。

联合科研机构和高等院校开展相关学科专业，加强建筑工业化的职业教育和职业资格认证。开展企业和行政管理部门的分类培训，重点培养项目管理人员和职业技术工人。

2. 沈阳

1）发展背景

在国家提出"十二五"期间要求加快推进保障性安居工程建设的背景指导下，沈阳市作为现代建筑产业化的试点城市，已率先大力发展建筑工业化。

2013 年初，沈阳市出台了《关于加强沈阳市商品住宅全装修工程建设管理的通知》，规定凡在沈阳市行政区二环内新开工的商品住宅开发项目，必须全部实行全装修，其他区域商品住宅鼓励采用全装修。据此契机,沈阳全面加速大规模的建筑工业化发展。

2)发展状况

(1)装配式建筑技术体系初步建立。

装配式建筑技术体系包括钢筋混凝土体系、钢-混凝土结构体系、钢结构体系、木结构体系等,其中钢结构体系包括中辰钢结构技术体系、海曼钢结构技术体系、永强钢结构技术体系、轻钢结构体系等,而木结构体系主要是奥科装配式木结构技术体系。

(2)现代建筑产业园区建设初具规模。

如已经建成浑南现代建筑产业园、法库现代陶瓷产业园、沈北新区现代建筑产业园、铁西现代建筑产业园等,而铁西现代建筑产业园规划建设 $50km^2$,其中一期 $12km^2$,二期 $18km^2$,三期 $20km^2$。重点打造先进制造业、科技支撑业、公共服务业三大平台。如今产业园区入驻企业络绎不绝,且吸引了多家世界 500 强企业落户。

(3)预制构件规模化产能不断提高。

随着沈阳建筑工业化工作的不断推进,中南建设沈阳铁西现代建筑产业园工厂、辽宁宇辉集团工厂、沈阳中辰钢结构有限公司等一批预制构件工厂已经开始了规模化的生产。

(4)现代建筑产业化技术产品应用领域不断扩展。

其中装配式建筑主体结构构件涵盖混凝土、钢、木结构部件等;而市政用预制构件产品则包括装配式检查井、地下管廊、过街天桥、预制混凝土道路边石、混凝土压力方砖等部品;装修装饰产品囊括了整体厨卫、建筑内外墙陶土板、全装修部品等。

(5)加强产业工人、施工队伍培训工作。

经过努力,沈阳市的科技进步对建筑工业化的发展贡献率取得了新成效,技术创新体系和工业化生产方式达到新水平,新型工业化建筑体系和通用部品体系实现新突破,建筑产业结构全面升级。

3)发展展望

(1)坚持政府引导。

以政府投资工程项目为引导,其中以保障性公租房为例。同时,要加强现代建筑工业化工程监管,强化构件生产、设计、施工、监理及工程验收等。

(2)必须突破成本瓶颈。

一方面,引进、消化、吸收国内外先进的技术体系及管理模式;另一方面,大力发展和培育国内现代建筑产业领域相关企业,提高产能,积极拓展市场。此外,要合理导向,引入市场竞争机制。

(3)结合实际情况选择工业化技术路线。

为了推进沈阳当地的建筑工业化发展,出台了相关技术标准,如《预制混凝土构件制作与验收规程》《装配整体式混凝土结构技术规程》《装配式建筑全装修技术规程》等。

2.2.4 中部城市

1. 合肥

1）发展背景

1999年合肥市成立建筑产业化试点领导小组；2005年4月成立了国家节能省地型住宅合肥产业化基地建设工作领导小组，同年8月在合肥市经开区成立领导小组办公室，下设市场部、代理部等部门；2009年合肥市被列入全国住宅性能认定试点城市；2012年，合肥市政府成立了合肥市建筑产业化工作领导小组。

2）发展状况

（1）大力培育市场主体。

①主动招商引资。近年来合肥市先后引进远大住工、宇辉集团、中建国际落户合肥；台湾润泰与安徽亚坤战略合作，兴建生产线；安徽宝业与西伟德公司合资生产；中国建筑第七工程局有限公司和安徽建工集团正在谋划生产基地建设。目前，全市建筑工业化年设计产能达580万 m^2。

②培育本土企业发展。2006年，合肥经开区成为国内第一个政府主导型国家建筑工业化基地，合肥市本土企业也紧抓机遇，加紧建筑工业化技术的改造、扩大生产规模、引进先进设备，初步形成了建筑工业化集群发展模式。

（2）引导传统企业转型。

通过引导和带动，合肥的绿地、万科、融侨、保利、安徽建工集团等传统的房地产开发和建筑施工企业均在谋划转型发展，同时这些企业开始与相关工业化企业签订战略合作协议，以工业化方式进行商品房建设。

（3）建设试点项目。

合肥市以保障性安居工程建设为切入点，推动工业化项目建设。已从政府投资建设的廉租住房、公共租赁住房项目试点，逐步向棚户区、回迁安置房和公益性项目拓展，并正向商品房市场推进。2012年以来，先后开工建设了11个保障房工业化项目，总建筑面积达137万 m^2；今后随着建筑工业化生产能力的提高和施工能力的提升，棚户区改造和回迁安置房项目采用建筑工业化方式建造的规模将进一步增大；同时紧贴合肥市"工业立市"战略催生的大量工业厂房和配套用房建设需求，结合产城一体的战略部署，将大批园区自建的厂房和配套用房采用工业化方式建设。

（4）创新管理方式。

①创新招标模式。不同于试点初期，采用单一来源方式确定建筑产业化施工企业，自2013年起，所有建筑产业化项目一律实行公开招标，采用设计施工总承包方式，由产业化企业从设计、部品部件生产到施工装配实行总承包，由此产生的经济、社会和环境效益十分明显。

②提供技术保障。通过试验、检测、专家论证等手段，解决项目实施过程中遇到的

技术问题，如预制外墙防水防渗、约束浆锚质量控制、高空作业安全防护体系等，为产业化项目的顺利推进提供技术保障。同时，逐步建立建筑工业化规划、设计、生产、施工、验收和检测等地方标准，完善工程造价和定额体系。

（5）制定政策措施。

建筑工业化发展初期，采取政策引导和政策激励的方式，吸引企业积极参与。合肥市出台了《合肥市人民政府关于加快推进建筑产业化发展的指导意见》，按照统筹规划与分步实施相结合、激励引导与强力推进相结合、全面推动与分类指导相结合的原则，提出了支持建筑产业化发展的具体措施。

3）发展展望

（1）成功经验。

合肥建筑工业化发展成功的原因可以归纳为三方面：一是政府重视，并且将建筑工业化放在经济社会发展的战略高度，并积极到外地招商引资；二是重视建筑工业化中技术标准的制定和完善；三是政府在投资保障房、棚户区安置房、公益性项目和工业园区厂房方面，大力推广建筑工业化。

（2）扩大建筑产业化实施规模和范围。

在建筑工业化发展的大趋势下，合肥应积极扩大建筑工业化实施范围，在2017年全市新建保障性住房建筑产业化比例达到50%的预计下，城市重点区域内具备应用条件的建设项目优先采用装配式技术进行建设，新开工面积力争达到400万m^2以上，预制装配率达到55%以上；到2020年，装配式建筑技术在全市得到大规模应用，预制装配率达到60%以上，以国家建筑工业化基地为依托，培育一批国内领先的建筑产业化集团，建成全国建筑部品区域性集聚地。

（3）完善相关技术体系及管理机制。

合肥市建筑工业化的目标是努力完善装配式结构生产体系、部品部件供应体系、质量控制体系及技术保障体系，建立适合新型建筑工业化的工程建设管理体制。同时，完善相关配套政策，开展建筑工业化综合试点城市建设，培育和扶持一批建筑产业化基地和骨干企业。

据了解，合肥市正在编制建筑工业化千亿产业规划，预计到2020年，合肥市将形成一批以新型建筑工业化为核心的产业集群，整个合肥市建筑工业化年产值将达千亿元。

2. 武汉

1）发展背景

改革开放近四十年来，武汉城市化进程不断加快，随着"中部崛起"战略的实施，武汉正大步向城市化迈进。随着人口数的逐年递增，且人们对人均住宅建筑面积、住宅建设水平、住宅规划设计、环境条件、配套设施、住房的成套率、厨房卫生设备水平等要求的不断提高，武汉的住宅建设面临越来越大的压力。

2002年，武汉开始推进以工业化方式建设建筑工业化中心城市，以新型的建筑模式改变传统住宅生产周期长、效率低、价格高等的建造模式,实现成批量、成规模地建造低价位、高质量的新型住宅,达到"四节一环保"的住宅标准,满足广大城乡居民对提高住宅质量、性能和品质的需求,实现建筑产业的升级。

2) 发展状况

(1) 建筑工业化所需的市场化基础已基本具备。

武汉市的城镇住房体制改革一直沿着市场化的导向进行。经过改革,城镇住宅的市场配置体系基本建立,住宅市场基本形成,并成为居民获取住房最主要的渠道。市场配置体系的建立,不仅为城镇居民根据自身的实际状况、按照自身需求在住宅市场上自主地购置或承租住宅提供了可能,而且为住宅的供给方根据市场需求,不断提高工艺水平和改进生产方式提供了动力。

(2) 工业化住宅还未引起消费者足够的兴趣。

产业的发展以产品满足市场需求作为基础,所以任何产业的发展都离不开对消费群体的挖掘和对消费需求的满足。从武汉市目前住宅产业的发展情况来看,消费者在住宅市场中依然处在信息相对稀缺的地位,对于住宅产品缺乏认识。因此,对于工业化的住宅产品,消费者还没有认识到其优越性和先进性,而没有市场的潜在需求也就不能刺激企业对工业化住宅的开发兴趣。

(3) 住宅产业的科技含量仍处于较低水平。

总体上说,武汉市住宅产业的科技革新速度还比较低。一是研究成果数量不多,层次水平不高,并且成果的结构也不尽合理,主要集中在住宅建筑规划设计、质量性能、新材料(尤其是装饰材料)和建筑设备等方面。一些基础理论的研究还不够深入,一些试验研究还不系统。二是成果转化率低,许多研究成果得不到推广应用,有的甚至没有转化成产品,更无法形成大规模的工业化生产。

(4) 住宅的工业化生产体系尚未形成。

武汉住宅的部分部品实现了系列化、规模化生产,如整体厨房、整体浴室等被越来越多的住宅所采用,但总体上说,住宅工业化生产体系还没有形成。一方面,部品化、标准化和通用化水平较低。建筑材料制品的生产与供应还停留在原材料供应的概念上,形成的产品种类少。另一方面,住宅的建造方式仍以现场"浇灌式"的施工方式为主,体现为高度的分散生产和分散经营。

(5) 核心企业发育不良。

武汉市已出现部分工业化住宅,但这些住宅的开发企业从建筑体系、部品生产、施工工艺、管理方法上都存在很多不足。同时,由于开发量不大,无法利用产业化的规模效应,造价偏高,从而市场认可率较低,造成工业化住宅开发企业在住宅市场竞争中处在相对劣势的地位。

3) 发展展望

(1) 加大科技研发力度。

为打破建设水平的局限,应该把科研院校、企业和社会团体结合起来,实现产、学、研的社会协作，颁布适合武汉市工业化住宅的设计标准、规范，并将其逐步实施到产业化项目中；同时对已完工程的积累数据进行更新，形成建筑工业化的标准管理知识体系。

（2）采取补偿科研投入的政策。

对进行科技研发的企业给予资金上的支持，尤其是对中小民营企业，以抵消科技创新带来的溢出效应，这将会极大地促进企业对新材料、新工艺的创新。

（3）采取差异税收的政策。

借鉴国家关于企业所得税的规定，国家重点扶持的高新技术企业，按低于正常税率的标准征收企业所得税。可以考虑建立一个认证制度，把符合要求的开发商划为高新技术企业，从而减少开发商的企业所得税的征收比例，而其他开发商的企业所得税征收比例仍保持原来的规定，以税收的高低差异影响开发商的选择。

（4）降低购房贷款利率。

目前武汉市的住房刚性需求阶层人口比例较大，绝大部分采用按揭贷款的方式购房。对于每期的按揭费用，可以考虑强制规定银行对产业化住宅采用浮动贷款利率的最低值，或者规定某几家银行对原贷款利率打折，以按揭费用的降低促使消费者的购买意愿从传统住宅向工业化住宅转移。

3. 长沙

1）发展背景

近十几年来，房地产业作为拉动国民经济持续增长的主导产业，为长沙市的经济社会发展作出了巨大贡献。在国家推进中部崛起产业转型升级的大背景下，长沙市面临着承接产业转移的机遇及培育发展新型产业的压力，所以大力发展建筑工业化是长沙市房地产业调整结构、转型升级的必然选择，同时对加快"四化两型"、推动经济发展方式转变起到强大的助推作用。

2）发展状况

（1）产业化技术一流。

长沙初步建立了"产、学、研"相结合的技术转换应用机制和平台，"预制装配整体式钢筋混凝土结构体系"已成为可复制、可推广的产业体系；信息化仿真技术（BIM技术）得到广泛运用，工业化生产体系、标准化设计体系、装配化施工体系、规范化管理体系、"四新"（新技术、新工艺、新产品、新设备）技术和成套部品应用体系、一体化装修体系不断完善。目前，长沙已申请并通过了超过200项与住宅产业化有关的专利，具有成套厨具、整体厨房、整体浴室、模板、PC构件等住宅产业化成果，新型墙体材料应用比例超过82%。

（2）形成的产业基地大。

发展至今，长沙已打造了长沙经济技术开发区、高新技术开发区、金霞经济技术开发区三大住宅产业化集聚区，创建了长沙远大住宅工业集团股份有限公司、远大可建科技有限公司、三一集团有限公司等三大国家住宅产业化生产基地企业。

(3）产值高。

到 2015 年，长沙住宅产业现代化预制构件年产能逾 1000 万 m^2，已实施面积近 1000 万 m^2，3 年内拟再实施工业化项目 1000 万 m^2。

（4）积极运用信息化。

长沙市目前正与住建部科技与产业化发展中心合作开发装配式建筑质量追溯体系，探索在部件中装入 RFIP 芯片和喷涂二维码，记录部件的原料、生产过程、销售、运输、安装等信息，从技术上解决质安监管的困难。

（5）技术标准体系完善。

针对长沙工业化建设项目的立项，已经有明确的国家标准及地方标准提供相应的技术规程，从审批、生产、施工、验收、监理等各个环节都已经形成相应的指导意见，长沙远大住工的工业化建造成本已经做到了与传统建造方式持平。

3）发展展望

（1）制定扶持政策。

以推进新型城镇化建设为契机，以省地节能环保和发展绿色建筑为目标，以城镇建筑工业化为核心，以国家康居工程和保障性安居工程为突破口，依托现代化的工业技术，着力推动住宅建设方式的转变，全面提升住宅建设质量和性能，促进经济社会与资源环境协调发展。以"政府引导、整体推进、科技创新、促进转型、统筹规划、示范推广"为基本原则，制定产业发展规划，完善标准技术体系，培育市场实施主体。从土地供应、税收减免、容积率奖励、工程总承包建设、财政补贴、绿色审批、信贷支持等方面研究制定产业扶持政策，给予大力度支持。

（2）完善标准技术体系。

加快住宅部品部件和整体住宅认证体系建设，对房地产开发企业资质升级、信用等级评定、商品房预售、竣工验收备案、评优评先等环节开展住宅性能和绿色建筑性能认定。

积极推广新技术新产品，包括保温、装饰、围护与防水的预制外墙等新型墙体围护结构和技术、再生能源利用技术，实现住宅的产业化集成建设。

支持技术改造、工法工艺创新，提高住宅生产能力和管理水平。

（3）加强宣传引导。

建立政府、媒体、企业与公众相结合的宣传机制，提高公众对发展节能省地环保型住宅及绿色建筑的认识。扩大市场需求，促进产业规模发展，催生一批材料工业、制造工业、家具家居、物流工业、电子工业、环境工程等建筑工业化配套企业，推动全产业链创新发展，形成综合产值过千亿元、完整、标准、现代、可持续发展的建筑工业化集群。

2.3 建筑工业化建造发展模式

（1）资源整合模式。

随着房地产市场的开发，开发商不断加大对新产品的设计及施工。以企业承建的工程项目试点为载体，汲取同行工业化项目经验，研究结构件、部品、部件、门窗的标准化，丰富标准化的种类、通用性、可置性、以标准化推动集团建筑工业化，并结合自身状况，深入研究住宅产业化中的构件吊装、安装等；筹组建筑工业化生产基地、研发中心，并形成一定的生产能力，以提高建筑构配件的工业化制造水平，促进结构构件集成化、模块化生产；不断培养产业化人才和施工队伍；探索住宅产业化生产实施模式，借鉴国内外先进经验，形成资源整合发展模式。

以房地产开发为龙头的资源整合模式中最具有代表性的是万科集团，它采用的是技术研发+应用平台+技术整合模式。

（2）一体化专业建造模式。

以企业为中心，形成一套完整的建筑产业化链条，以"设计—开发—制造—施工—装修"一体化的专业化房屋工厂模式，实现传统建筑企业向专业化房屋工厂企业转型，并长期从事住宅工业化的设计与施工业务。通过大规模试点工程的推广应用，形成以专业一体化管理模式为主，以预制构件专业化加工为辅的管理模式和运作方式，培训一批新型建筑工业化企业。以"设计—开发—制造—施工—装修"一体化建造模式中以远大住工为代表。

（3）施工代建模式。

从目前的建筑业产业组织流程来看，建筑设计、施工组织与产品研发的过程是相互分离的。正是由于这种无组织的、不连续的过程，建筑产业上下游之间的信息传递被人为地阻隔，形成建筑产业组织流程的不连续性，阻碍了建筑工业化的顺利发展。不同于现有的设计—施工与产品研发相分离的模式，通过施工代建模式，实现以施工方（承包商）为核心的向前延伸——施工工艺设计（而不是建筑设计）、向后延伸——预制构件研发（而不是生产）的产业集成体系。

工艺设计—施工组织的一体化，并不是完全的设计施工一体化，不是剥夺设计者应有的职能与权力。作为施工承建方，不承担建筑物的方案设计与宏观设计工作，而是根据设计者所完成的建筑设计方案，根据施工方的技术专项、技术标准、产品系统进行具体的施工工艺协调设计。这意味着基于该设计过程，可以在不改变建筑物基本功能与造型的前提下，改变其施工工艺构成方式——在微观上最大限度地以标准化的构配件、模块重新构建宏观的建筑物。可以最大限度地提高施工方对于建筑设计过程的介入度，有利于以施工单位的工艺标准来构建建筑物，消除设计与施工过程中的信息阻隔，有效地保证了预制构配件、模块与建筑物之间的构成联系。

以施工总承包为龙头的施工代建模式以宇辉集团、中南建设集团等企业为代表。

（4）全产业链发展模式。

以工程总承包（Engineering Procurement Construction，EPC）为龙头的全产业链发展模式。工程总承包模式是要成立一支专业化、协作化的建筑工业的工程总承包队伍。研发设计—构建生产—施工装配—运营管理等环节实行一体化的现代化的企业运营管理模式，见图2.1。以中建国际建设公司、宇辉建设集团为代表。

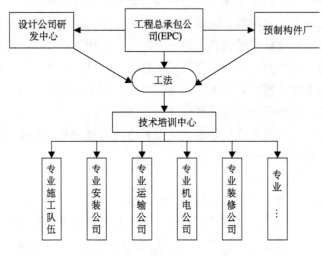

图 2.1　工程总承包模式

2.4　建筑工业化建造发展瓶颈

（1）标准体系不完善。

建筑工业化标准体系的建立是企业实现建筑产品大批量、社会化、商品化生产的前提，各国政府对标准制定工作的重视极大地推动了各国建筑工业化的发展。然而在我国，除了各个参与工业化试点的企业自定标准，虽然国家对建筑的标准化是有参数的，但始终没有出台行业强制性准则，产业链中很多环节并未按此标准执行。此外，建筑工业化的标准化设计一般是通过对项目中采用工厂加工生产的部品（如门窗、栏杆、空调百叶、雨篷等）、构件（如预制外墙、阳台、楼梯、叠合楼板、叠合梁等）进行标准化设计，而且很多部件需要附加在构件上，需要大量产业链环节之间接口集成，需要标准化设计企业、部品生产企业、建材企业、安装施工企业等一起配合才能完成，必须是一个产业化联盟的标准体系才有实现价值，这不是一家企业可以独立完成的，需要行业各方企业的力量。

（2）前期研发投入成本高。

目前，由于新型建筑结构体系仍然处于摸索阶段，部件标准化和通用化程度低，达不到大规模工业化生产的要求，这使得工业化建筑的成本偏高。此外，为了进行工业化研究，前期需要大量的研究开发、流水线建设等资金投入，即使从长期来看，工业化的投入都是巨大且回报缓慢的。而且我国建筑工业化产品按照制造业纳税，增值税税率高达17%，高于建筑企业的纳税标准，税负落差加大了生产企业的成本，降低了建筑部品企业的生产积极性。

众所周知，施工企业的利润空间很小，初期建造成本提高，根本原因在于企业还没有完全掌握技术，没有专业队伍和熟练工人，没有建立现代化企业管理模式，能够进行大规模研发投入并耐心等待回报的企业不多。国家促进建筑工业化发展的配套政策支持不够，大量的成本投入单靠企业的力量不足以推动整个产业的发展。

（3）行业管理体制不适应。

工业化生产方式与现行的管理体制机构不相适应是发展的现实，设计、生产、施工、监理等环节都发生位移，主体责任范围都将发生变化。

（4）建筑企业管理运行机制不佳。

近年来，各地出台了很多很好的政策措施和指导意见，但在推进过程中缺乏企业支撑，尤其是对龙头企业的培育，提供的建设项目缺乏对实施过程的指导和监督。在技术研发和应用方面，一些企业自发开展产业化技术的研发和应用，忽略了企业的现代化管理制度和运行模式的建立，变成"穿新鞋走老路"。传统的企业运行管理模式根深蒂固，各自为战、以包代管、层层分包的管理模式严重束缚了产业化的发展，必须要打破。

（5）生产活动过程中利益链不完整。

现有的设计—采购—施工—维护各分部利益链是相对独立存在的，传统的生产方式早已形成了固有的利益链。建筑工业化的发展从长期盈利来看：由于建筑产业化的推广，技术门槛降低，总包企业获得项目的难度降低；同时构件生产可以获利。因此，要在工程总承包（EPC）管理模式下形成新的利益分配机制。

第3章 建筑工业化建造的基本流程

3.1 常见装配式结构体系

3.1.1 装配式混凝土结构体系

1)大模板结构

大模板结构是采用钢质大模板现浇混凝土的一种工业化体系,其整体性好、刚度大,抗震、抗风能力强,工艺简单,劳动强度小,施工速度快,不需要大型预制厂,施工设备投资少;但其现浇工程量大,施工组织较为复杂,不利于冬季施工,如图3.1所示。

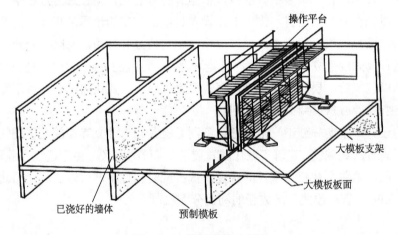

图 3.1 大模板结构示意图

2)装配式大板

装配式大板是由预制的大型内、外墙板和楼板、屋面板、楼梯等构件装配组合而成的建筑。其特点是除基础以外,地上全部构件均为预制的(内墙板、外墙板、楼板、楼梯、挑檐板和其他构件),通过装配整体式节点连接而成,如图3.2所示。

装配式大板一般节点连接方式有焊接、螺栓连接、混凝土整体连接三种。板材可采用钢筋混凝土空心板,也可以采用整块的钢筋混凝土实心板。

3)框架结构

框架结构是一种由柱、梁或柱、板组成的混凝土框架承重,用各种轻质墙板担负围护结构的结构体系。

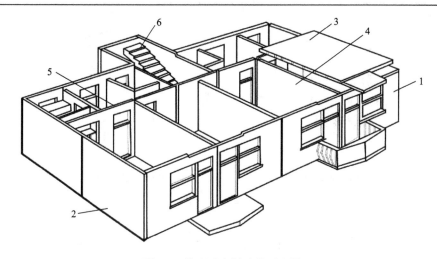

图 3.2 装配式大板建筑示意图

1-外纵墙板；2-外横墙板；3-楼板；4-内横墙板；5-内纵墙板；6-楼梯

（1）按照材料分为钢框架、钢筋混凝土框架、钢构件与钢筋混凝土组合框架。其中钢框架的特点是自重轻、施工速度快，适用于高层或超高层建筑。而钢筋混凝土框架坚固耐久、刚度大、防火性好等优点；按照施工方法分为整体式、全装配式、装配整体式。

（2）按主要构件组成分为梁、板、柱框架系统，板、柱框架系统，剪力墙框架系统，如图 3.3 所示。

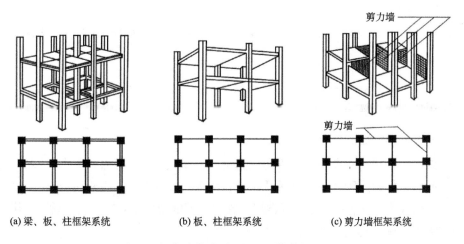

(a) 梁、板、柱框架系统　　(b) 板、柱框架系统　　(c) 剪力墙框架系统

图 3.3 框架结构类型（按主要构件组成分）

4）盒子结构

在工厂中将房间的墙体与楼板连在一起制成箱形预制整体，同时完成其内部部分或全部工序，运至现场吊装组合成建筑。

（1）单元盒子结构分为钢筋混凝土整体浇筑式和预制板组装式两种，如图 3.4 所示。

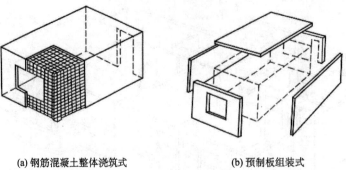

图 3.4 盒子的制作方法

(2) 由单一盒子组装成整栋建筑的组合方式有重叠组装式、交错组装式、与大型板材联合组装式、与框架结构组装式、与筒体结合等类型，如图 3.5 所示。

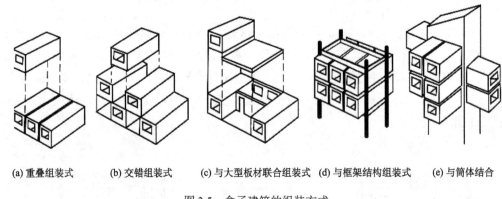

图 3.5 盒子建筑的组装方式

3.1.2 装配式钢结构体系

1) 钢框架结构体系

钢框架结构体系的主要受力构件是框架梁、框架柱，它们通过刚接共同抵抗竖向荷载和水平荷载。框架梁种类有 I 型钢梁、H 型钢梁、箱型梁等，框架柱的种类有 H 型钢柱、空心圆钢管或方钢管柱、方钢管混凝土柱等。钢框架体系具有受力明确、使用灵活、制作安装简单、施工速度快的特点。

2) 钢框架-剪力墙结构体系

钢框架-剪力墙结构体系以框架为基础，沿其柱网的两个主轴方向布置一定数量的剪力墙，增强建筑的侧向刚度。剪力墙的布置形式有独立式、核心式、内廊式、并列式和棋盘式等。常用的剪力墙体系有现浇钢筋混凝土剪力墙、钢板剪力墙、内藏钢板支撑剪力墙和预制剪力墙等。

3）钢框架-核心筒结构体系

钢框架-核心筒结构体系是由框架和核心筒组成。核心筒是指靠近中心的部位由现浇混凝土墙体或通过密排框架柱封闭围成的。筒体一般布置在卫生间或楼电梯间，该结构体系具有更大的抗侧强度和刚度。

4）钢框架-支撑结构体系

钢框架-支撑结构体系是在部分框架柱之间设置横向或纵向的支撑，形成支撑框架，构成双重抗侧力的结构体系。该体系中的钢框架主要承受竖向荷载作用，钢支撑承担水平荷载作用。

该体系中的钢支撑可采用角钢、槽钢、圆钢，主要目的是增加结构的抗侧刚度。支撑体系的形式有十字交叉、人字型等中心支撑及各种偏心支撑。

3.2 构件的设计

1）概念设计阶段

与建筑师初步沟通装配式建筑方案设计应注意的细节（平面规则性、多组合、立面方案如何实现）。

2）实施方案阶段（方案报建）

（1）根据项目要求初步确定预制构件设计范围，选择大致预制的构件。

（2）进行立面、平面构件初步拆分，提出平面和立面方案修改意见。

（3）初步计算预制率，满足业主的拿地条件要求。

（4）确定装配结构的装配体系/体系是否超限。

（5）装配体系对建筑计容的影响。

3）初步设计（总体设计）

PC专业配合出设计说明、重要节点、标准层构件拆分平面。

4）施工图设计（构件拆分）

（1）落实构件拆分、落实预制装配率，配合全专业出构件平面、立面拆分图、装配式建筑设计说明、主要构件连接详图等。

（2）提供给厂家开模图。

5）构件深化设计

（1）根据各专业提资，进行构件深化设计，完成所有构件的深化设计详图。

（2）设计过程需与构件厂和总包单位密切配合。

6）后期配合

（1）解决预制构件在预制厂制作、图纸答疑。

（2）施工现场协助解决构件运输堆放、现场施工安装方面的技术问题。

3.3 构件的生产

常见 PC 构件有 PC 叠合板、PC 叠合梁、PC 柱、PC 板墙、PC 楼梯、PC 空调板、PC 女儿墙板、PC 阳台板等。其主要的生产方式有固定工位法和流水线生产法。

1. 生产方式

1）固定工位法

一般模具摆放在厂内固定位置，所有生产过程围绕模具进行，其特点是建材和操作人员是流动的，钢筋、混凝土等建材和操作人员按照工艺顺序轮番在模具上作业，模具使用寿命一般为 100～200 次。固定工位法如图 3.6 所示。

2）流水线生产法

全程电控自动化生产，需投资流水线生产线，特点是模台（工作平台）随工艺顺序流动，钢筋摆放、混凝土浇筑、振捣等操作是在固定的位置由固定的人和设备来操作的，每一个工序的操作人员相对固定，可降低劳动强度、提高生产效率，节约人工，通用模台使用寿命一般为 2000～3000 次。流水线生产法如图 3.7 所示。

图 3.6 固定工位法　　　　　　图 3.7 流水线生产法

3）生产工艺对比

构件加工生产方式对比见表 3.1。

表 3.1 构件加工生产方式对比

序号	项目	固定台座法	循环流水线法
1	特点	以固定模具为中心、以桥吊为物料运输工具的生产组织系统	循环流水线，配套专业搅拌站的自动生产组织系统
2	设备组成	模具+桥吊+养护罩	搅拌站+模具+振动台+传送线+养护窑+桥吊

续表

序号	项目	固定台座法	循环流水线法
3	成型方法	附着式振动器或手动插入式振捣器	振动台
4	优点	节约投资,工艺简单,操作方便,静态生产线有利于质量控制	加工区通过流水线组织,集成化程度高,长期大规模专业化生产标准产品优势明显
5	缺点	车间占地面积大,混凝土拌和、运输及浇筑环节紧凑性差,效率低	适合板类构件,不适合异性构件,建设期较长,机动灵活性差
6	经济分析	一次性投资少	一次性投资大
7	适用范围	适合各种条件和场合的项目,尤其是一次性项目	适合投资规模大、运行期也较长的项目;不适合一次性或短期项目

2. 构件的生产加工

1) PC 构件的生产加工

PC 构件加工生产工艺流程见图 3.8。

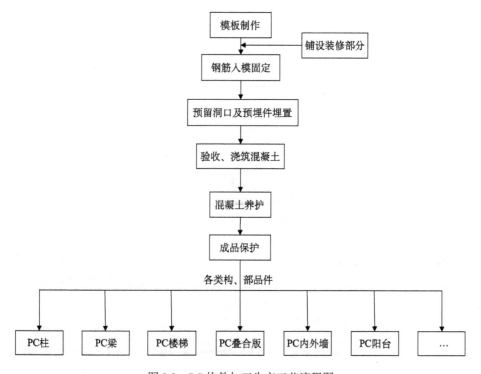

图 3.8 PC 构件加工生产工艺流程图

(1) 模板制作:按照加工构件、部件的类型制作不同大小、形状的 PC 钢模具。

(2) 钢筋入模固定:绑扎 PC 模板内的钢筋。

(3) 铺设装修部分:在钢模中铺贴瓷砖、安装窗框、铺设管线等(考虑装修)。

(4) 预留洞口及预埋件埋置:放入已绑扎好的钢筋及各类预埋件(垫块等)。

(5) 验收、浇筑混凝土:经过加工厂、总包、监理等相关单位进行隐蔽验收,验收合格后浇捣混凝土。

(6) 混凝土养护:自然淋水养护,化学保护膜养护,蒸汽养护。

(7) 成品保护:检查合格后,对成品进行堆放及保护(等待按工地的进度装车、送至工地)。

2)钢构件的生产加工

常见的钢构件有 H 型钢构件、箱型钢构件、十字型钢构件等,其常见的连接形式有螺栓连接、焊接等。钢构件的加工流程如图 3.9 所示。

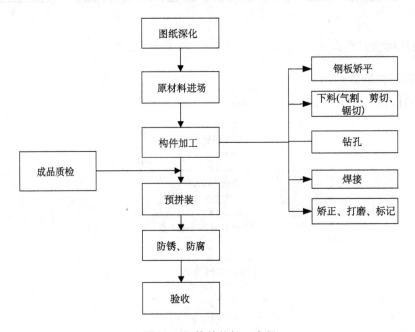

图 3.9　钢构件的加工流程

通过图纸深化设计之后,按照计划组织原材料进场,原材料经过钢板矫平、下料(气割、剪切、锯切)、钻孔、焊接、矫正、打磨、标记等工序后,通过对成品构件进行质量检测合格后,进行预拼装、防锈、防腐处理。

3.4　构件的运输

1)构件装车及吊装

构件装车及吊装应遵循构件的特点,采用不同的叠放和装架方式;对于需要使用运输货架的构件,应对货架进行特别设计,运输和装架方案应征得设计单位、构件安装单位的认可。例如,常见的 PC 阳台板一面为斜坡,很难搁置平稳,在运输过程中,遇到下坡和不平整的路面时,阳台容易发生破损,为了解决上述问题需在垫木和阳台板之间垫上海绵条,使接触面不受到集中荷载,从而保证运输安全。

2)运输路线的确定

运输路线的选择需考虑运输路线的长度、路况、路线车流量等影响运输的各种因素,从而制定合理的路线方案及备选应急方案,原则上要求在正式运输前进行测试,并至少选择两条路线。若构件厂与施工项目运输路程较长,则必须在构件运输之前,预先走一遍路线,将限高、限宽、限重和路面状况不好的地段标出,调整运输线路。部分路段限高无法绕行,应降低运输车辆底盘;构件尺寸超出当地运政部门要求的要提前向有关部门提出申请,确保运送顺利;构件运输时出现问题应立即同构件厂、业主等相关单位协商、解决。

3.5 构件的安装

构件现场装配施工工艺一般流程如图3.10所示。

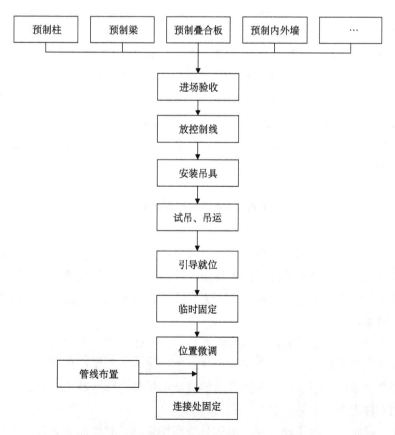

图3.10 构件现场装配施工工艺一般流程

(1)构件进场检查验收。检查预制构件数量、编号类型、钢筋规格、尺寸及预留洞口等，详细检查有无裂缝、缺损等质量问题，凡不符合质量要求的不得使用。

（2）放控制线。根据轴线放置各构件安装位置的控制线，控制构件水平及高程坐标，并对控制线进行复核。

（3）吊具安装及挂钩。将吊装连接件与预制构件的吊点连接，将钢丝绳及倒链与构件上吊具连接吊装。

（4）试吊及吊运。起吊前，检查吊环，用卡环销紧，确认各环节无误后进行试吊，试吊合格后缓慢吊运构件立直，缓缓起吊至离车（地面）20～30cm时暂停，确认各环节无误后进行正式吊运。吊至就位位置的上空时缓缓下落，操作层吊装人员拉曳揽风绳缓慢落下构件，保证构件不晃动、不扭动。

（5）引导就位。按照编号及控制线将构件缓慢引导，确认无误后方可缓缓下降到吊入位置上方20～30cm处暂停进行调整。引导就位过程需对准连接处预订位置，就位时，先找好控制线等措施，缓缓下降，基本到位后解掉吊钩。

（6）临时支撑固定。构件初步就位后，把临时支撑与预制构件上的预埋件进行初步连接，通过控制线控制构件的方位。

（7）标高及位置微调。构件吊装完成后，对所有构件的支撑体系进行检查，调整不到位的支撑构件，利用撬棍、千斤顶、靠尺、方木及其他定型化工具微调预制构件，调整构件的竖向标高及水平位置，确保支撑体系及连接件受力。

（8）摘钩。待构件标高及水平位置校正完毕后，将所有连接件螺帽拧紧，确认无误后，将起吊钢丝绳及倒链等起吊工具摘除（摘钩）。

（9）管线布置。对于叠合板、叠合墙体的预制构件，进行管线的预埋。

（10）连接处固定。当所有PC构件安装完毕后，进行二次混凝土浇筑；对于钢构件，节点处螺栓拧紧固定，必要时进行焊接。

3.6 装饰装修

工业化装修是将在室内大部分装修产品（房门、门套、窗套、踢脚线、床、橱柜、木制品、漆器、装饰面等）的施工地点移至工厂流水线进行机械化施工，期间通过无尘车间、水濂净化对废弃物进行处理，做到无异味、无污染后，直接移至装修现场进行组装、装饰、装潢。

其核心思想是通过批量采购、模块化设计、工业化生产、整体化安装，实现装修的规范化、标准化和高效节能。由菜单式设计、工厂化生产和集成化供应等三个主要部分构成。让消费者根据"菜单"，依照自己的消费水平来选择产品的颜色款式，能很好地满足业主的个性需求。

在工业化建筑中，由于墙、柱、梁的外立面均采用带有饰面的装饰，因此省去了外立面的装修工序；内装修在结构进入标准层施工后即可进入工序施工阶段。工业化建筑装修的一般工序流程如图3.11所示。

图 3.11　工业化建筑装修的一般工序流程

工业化装修的绝大部分任务量均在工厂进行加工完成，其现场施工工作量少，这里拿一般住宅建筑的装修流程举例说明。

（1）体系内功能区域划分。该阶段贯穿于前期设计之中，根据建筑结构的特点与住户需要对结构功能区域进行划分、放线等。

（2）内敷龙骨施工。待功能区域划分完成后，使用铝合金钢筋龙骨施工。

（3）架空地板下管线施工。龙骨施工完毕后进行架空层下的管线施工，其不同颜色的管线用于不同类型、不同房间，清晰明了。

（4）上部管线施工。下部管线施工的过程中穿插对上部管线的安装。

（5）架空地板、隔板铺装施工。待管线施工完毕后，铺设架空地板及隔墙板。

（6）地辐热施工。对于设计有地辐热结构的房屋，待架空层地板完成后，进行成品地辐热的安装。

（7）墙面施工。待上述工序完成后进行墙面的装饰工作。

（8）地板施工。地板施工采用成品地板，前期平面区域设计工厂加工现场安装。

（9）整体厨卫、部品一体化。待上述所有工序完成后，住户根据个人需要对房屋进行部品一体化处理,整体厨卫的安装在整个工序之间穿插进行。

架空地板与局部装修剖面示意图如图 3.12 所示。

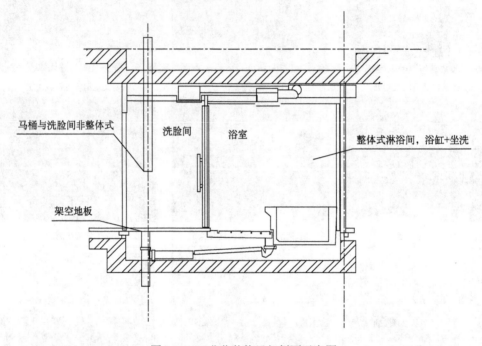

图 3.12 工业化装修局部剖面示意图

第4章 建造设计阶段控制技术

4.1 概 述

建筑生产过程的预制化和装配化是建筑工业化的重要实现手段之一,通过工厂预制、现场装配,确保了建筑的生产过程能实现或接近实现联合国定义的工业化的 6 条标准:"生产的连续性、生产物的标准化、生产过程的集成化、管理的规范化、生产的机械化、技术科研生产一体化。"也为实现我国行业内广泛认同的"五化"即标准化设计、工厂化生产、装配化施工、一体化装修和信息化管理的新型建筑工业化建造方式提供了可行的路径与方法。因此,作为"五化"之首的"标准化设计",其核心围绕如何让建筑的生产过程实现标准化、集成化、机械化、信息化和自动化的生产方式。当然,也要研究如何保证建筑部品和构件在生产过程中的连续性及技术科研生产一体化等问题。其工业化建筑设计特点如下。

(1)设计过程同步化、一体化。

与传统建筑相比,工业化建筑更重视专业间的协作,同步进行设计的专业包括土建设计的各专业、室内装修设计、二次部品设计,各专业相互制约又互为条件,随着土建设计的推进,各专业设计逐步深化、完善,同步化、一体化设计不仅要关注内装设计、部品设计的条件,还要关注下游环节的构件、部品生产、运输、施工等客观条件,设计过程需模拟建造过程对可能会发生的问题采取的预防方法。

(2)设计的合理性和经济性需考虑构件生产、施工条件的制约、影响。

工业化设计的合理性不能仅仅考虑设计阶段本身的合理性,其合理性是建立在对构件生产的工艺、施工技术水平和设备条件的充分了解,充分利用的基础上的,只有做到这样,设计的经济才能体现出来。

(3)设计的完成度提升,设计的可控度得到提高。

传统建筑的部品如雨蓬、栏杆、门窗等通常在土建设计文件完成后进行设计,其设计以土建设计为依据,互相之间的合作不足,专业优势未得到发挥。工业化建筑在设计阶段完成前,所有部品、构件的设计文件都已深化设计完成,设计会对其多种样品、详细报价进行比较,将传统建筑在施工阶段控制不好的二次深化内容前移至设计阶段进行,设计文件的完成度得到提升,施工阶段设计文件对工程质量、效果的可控度得到明显加强。

(4)设计对项目成本的影响更加直接、重大。

工业化建筑设计直接影响构件、部品生产模具的重复使用次数和模具加工生产的难易程度，模具成本直接影响构件的成本，也会影响运输效率（运输成本）、吊装设备（施工成本）等。在传统建筑中，施工成本和材料成本基本不受设计的影响。

4.2 设计要点

4.2.1 一体化协同设计

一体化协同设计是工厂化生产和装配化施工的前提。装配式建筑应利用包括信息化技术手段在内的各种手段进行建筑、结构、机电设备、室内装修、生产、施工一体化设计，实现各专业、各工种间的协同配合。在装配式建筑的设计中，参与各方都要有"协同"意识，在各个阶段都要重视实现信息的互联互通，确保落实到工程上的所有信息的正确性和唯一性。实现协同的方法很多，有传统的项目周例会制度，全部参与方通过全体会议和定期沟通、互提资料等方式进行协同；也有基于二维 CAD 和协同工作软件搭建的项目协同设计平台；还有基于 BIM 的协同工作平台等。在工作中不仅要选好用好各种方法，也要清楚不同设计阶段的协同要点。

（1）在前期技术策划阶段，应以构件组合的设计理念指导项目定位，综合考虑使用功能、工厂生产和施工安装条件等因素，明确结构形式、预制部位、预制种类及材料选择。设计应与项目的开发主体协同，共同确定项目的装配式目标。

（2）在方案设计阶段，结合技术策划的要求做好平面组合设计和立面设计。方案设计在优化使用功能的基础上，通过模数协调，围绕提高模板使用效率和体系集成度的目标进行设计；立面设计要考虑外墙构件的组合设计，并结合装配式建造方式实现立面的个性化和多样化。

（3）在初步设计阶段，各专业的协同非常重要。在非 SI 体系中，在预制墙板上应考虑强电箱、弱电箱、预留预埋管线和开关点位的设计；装修设计提供详细的"点位布置图"，并与建筑、结构、设备、电气和工厂进行协同；与经济专业协同进行"经济性评估"，分析成本因素对技术方案的影响，确定最终的技术路线等。在 SI 体系中，需要协同确定各类管线的排布位置及敷设方式，并与选择的墙体形式、地面及吊顶形式等进行协同。

（4）在施工图阶段，按照初设确定的技术路线深化和优化设计，各专业与建筑部品、装饰装修、构建厂等上下游厂商加强配合，做好大样图上的预留预埋和连接节点设计；尤其是做好节点的防水、防火、隔音设计和系统集成设计，解决好连接节点之间和部品之间的"错漏碰缺"。当前，预制构件加工图大多由预制构件厂依据设计院提供的大样图进行深化设计，建筑师的工作主要是配合和把关，确保预制构件实现设计意图。

（5）在装修设计阶段，遵循建筑、装修、部品一体化协同的原则，部品实现以集成化为特征的成套供应，部品安装满足干法施工要求。要求装修设计采用标准化、模数化设计；各构件、部品与主体结构之间的尺寸匹配、协调，提前预留、预埋接口，易于装修工程的装配化施工；墙、地面块材铺装基本保证现场无二次加工。

（6）在预制构件深化设计阶段，无论谁承担构件加工图设计，都要做好设计、生产、施工的协同，要建立协同工作机制，构件设计与构件生产工艺及施工组织紧密结合。预制构件加工图纸应全面准确反映预制构件的规格、类型、加工尺寸、连接形式、预埋设备管线种类与定位尺寸。满足工厂生产、施工装配等相关环节承接工序的技术和安全要求。

4.2.2 模数协调

标准化是住宅工业化的基础，而模数协调则是住宅产业标准化、系列化中的一项极其重要的基础性工作。没有系统的尺寸协调，就不可能实现标准化。住宅产业要在模数协调的原则下，逐步实现部品的系列化和通用化，提高部品的互换性、功能质量和规模经济效益，开发和完善住宅部品的配套应用技术。

模数协调的方法有很多，在实际应用中，往往通过"优先尺寸"来构建建筑模数控制系统。"优先尺寸"是从基本模数、导出模数和模数数列中事先挑选出来的模数尺寸。优先尺寸越多，涉及的灵活性越大，部件的可选择性越强，但制造成本、安装成本和更换成本也会增加；优先尺寸越少，部件的标准化程度越高，但实际应用受到的限制越多，部件的可选择性越低。

（1）便于住宅建筑的设计、部品制造、施工承包、维护管理、经销等各个环节人员按照同一个规则去行动，实现各个环节人员之间的合作与配合，生产活动互相协调。

（2）便于对建筑物按照各个部位进行分割，产生不同部位的部品，使部品的模数化能够在实际当中达到最大化。其结果是所设计的房屋尺寸能包容各种相关部品，且相关部品系列不限制房屋设计的自由度，给予设计人员最大的灵活性。

（3）使部品就位的放线、定位和安装规则化、合理化，并使住宅生产各个方面实现利益最大化，彼此尽量不受约束，从而达到简化施工现场作业，实现成本、效率和效益的综合目标。

（4）优化相关部品系列的标准尺寸数量，原则上就是要利用数量尽量少的标准件，实现最大程度的多样化要求。

（5）促进各种相关部品间的互换性。互换性是指部品在不同的地方可以进行互换，不同的材料之间可以进行互换，与它的材料、外形、生产厂家的生产方式均没有关系，从而实现资源的节约。例如，结构的使用年限可以是100年，但是部品的使用年限可能只有20~30年。因此设施及管线等部品的互换性是一个重要的原则。

（6）保证各种装置的尺寸协调，如各种设施管线与设备、电气的连接及固定家具的就位等。

4.2.3 总图规划及建筑组合设计

（1）大空间的平面布置。平面设计不仅应考虑建筑各功能空间使用尺寸，还应该考虑建筑全寿命周期的空间适应性，让建筑空间适应人不同时期的不同需要，大空间的结构形式有助于实现这一目标。要尽量按一个结构空间来设计，采用结构主体、内装和设备相分离的建筑体系，在空间内部进行灵活的划分，方便检修和改造更新。

（2）模块化的设计。模块化是"将有特定功能的单元作为通用性的模块与其他产品要素进行多种组合，构成新的单元，产生多种不同功能或相同功能、不同性能的系列组合"。模块化是系统的方法和工具，模块化设计能够将产品进行成系列的设计，形成鲜明的套系感与空间特征，利于后期衍生开发（系列化）。标准化的组件使得产品可以进入高效率的流水生产，节省开发和生产成本（标准化）。各模块间存在着特定的数字关系（模数化），可以组合成需要的多种形态模式（多样化）。各模块间具有通用关系，在不同的情况下可能充当不同的角色（通用化）。装配式建筑空间可以通过模块化的方式进行设计，公共建筑的基本单元模块一般是指标准的结构空间。居住建筑则以套型为基本单元模块。模块应是可组合、可分解和可更换的单元。

（3）多样化的组合。总图规划和建筑组合设计应遵循少规格、多组合的原则。在装配式建筑设计中，不仅要求构件和部品规格要少，标准化程度要高，也要充分考虑城市历史文脉、发展环境等因素，考虑建筑周边环境与交通人流等因素，考虑使用人的习惯和情感因素等，个性化和多样化是建筑设计的永恒命题。但不要把标准化和多样化对立起来，两者的巧妙配合能够帮助我们实现标准化前提下的多样化和个性化。以住宅为例，可以用标准化的套型模块组合出不同的建筑形态和平面组合，创造出板楼、塔楼、通廊式住宅等众多平面组合类型，为满足规划的多样化要求提供了可能。

（4）合理的结构选型。不同的结构选型适用于不同的建筑高度和使用功能，装配式建筑包括的结构类型很多，包括剪力墙结构、框架结构、钢结构、木结构、混合结构等。应结合建设目标及建筑功能等要求，选用合理的结构形式。

（5）均匀规则的结构布局。在建筑设计中，要从结构和经济性角度优化设计方案，避免不必要的不规则和不均匀布局。建筑平面设计的规则性，既有利于结构的安全性，也有利于减少预制构件的类型，实现经济性。不规则的平面会导致各种非标准的构件，增加预制构件的规格数量及生产安装的难度，不利于降低成本及提高效率。在相同的抗震设防条件下，形体不规则的建筑要比形体规则的建筑耗费更多的结构材料，不利于节材。

（6）重视预制构件和建筑部品的重复使用率。预制构件的重复使用率越高，越有利于机械化生产和易于建造。通过控制在同一项目中同一类型构件的规格数量，并保证其占有构件总数量的较大比重，可控制项目的标准化程度。因此，预制构件和建筑部品的重复使用率是项目标准化程度的重要指标。

4.2.4 立面设计

装配式建筑的外墙由各类预制构件和部品构成。立面设计既要体现工厂化生产和装配式施工的典型特征，也要在坚持标准化设计的基础上实现多样化，避免"千篇一律"

"千楼一面"。

对于前者，要利用标准化、模块化、系列化的户型组合特点，控制好类型与数量。处理好立面设计与预制构件和部品的关系，立面设计是总体，预制构件和部品是局部，立面构成是总体和局部的集成与统一。实现立面形式的多样化，是装配式建筑设计的重要方面。

对于后者，首先是组合的多样化：通过标准模块多样化组合，实现了建筑形体和空间的变化。其次是"层"的变化：以装配式住宅为例，立面由预制外墙、预制阳台和空调板、预制外挂墙板、预制女儿墙、预制屋顶及入口构件、外门窗、护栏、遮阳、空调栏板等要素构成。在设计中，可将外墙的几何尺寸视为不变部分，并保持预制装配的外墙标准模块的几何尺寸不变来实现标准化，满足工厂生产的规模化需求。

而预制构件和部品外表面的色彩、质感、纹理、凹凸、构件组合及前后顺序等是可变的。立面设计可选用装饰混凝土、清水混凝土、涂料、面砖或石材反打、不同色彩的外墙饰面等实现多样化的立面形式；预制阳台和空调板等可以通过进深、面宽、空间位置等实现多样化。预制挂板、空调隔板、百叶、门窗、外墙部品及栏杆等非结构构件和部品可以更多个性化手段实现多样化目标。

4.2.5 节点及构造设计

预制构件是装配式建筑的基本构成要素，其构造设计和相互之间的连接节点设计非常重要。主要内容有外墙节点及构造、内墙节点及构造、楼地面节点及构造、各部分预制构件和建筑部品间的连接节点及构造等。

每一项工程的开展都会产生一些交接点，这些交接点就是问题经常出现的地方，所以在交接点材料的使用上必须慎重，既要保持其经济适用性，也要保证其安全性。一般而言，在工业化的建筑工程中，各构造节点的施工设计是整个建筑工程的重中之重，因为作为工程的薄弱环节，任何节点出现问题都可能导致整个工程项目宣告失败。而构造节点包括三个方面，分别是组件之间的连接点、预制构件和设备管线的组合、建筑构件与预制品的组合等方面。对这些构造节点的设计要在整个工程的大结构下进行，能不设置这些节点就最好少设置，而节点的材料之间的类型和特点也要相适应，在使用这些节点材料的同时，要注重对这些材料的研发。

装配式建筑的各类节点及构造设计应满足结构、热工、防水、防火、保温、隔热、隔声及建筑造型设计等要求。预制外墙的各类接缝必须进行防火及防水处理，具体的防水做法请参阅相关规范及标准。预制外墙的各类接缝设计应构造合理、施工方便、坚固耐久，并结合本地材料、制作及施工条件进行综合考虑。我国南北气候差异较大，地域差异也造成了建筑外墙在保温、防水等方面不同的需求及做法。设计时应根据实际情况进行综合考虑。

4.3 构件拆分

装配式住宅构件深化设计之前,需将主体结构构件进行合理的构件拆分设计,主要是指依据装配式构件拆分原则,将预制构件拆分为供生产及现场装配的单体构件,它是建筑结构的二次设计,之后在施工现场通过专业的安装连接技术进行单体构件间的组装。

4.3.1 拆分前提

根据现阶段在国内应用较成熟的装配式体系,建筑工程中需要拆分的构件主要包括如下两项:①竖向构件,包括全预制剪力墙、PCF 墙板、夹心保温墙板、叠合板式剪力墙、女儿墙、预制柱、外挂墙板、预制飘窗等;②水平构件,包括叠合楼板、叠合梁、全预制梁、叠合阳台板、全预制空调板、全预制楼梯等。而装配式住宅结构要想达到自动拆分,首先需要满足以下几个前提。

(1)节点标准化。标准化的节点给自动拆分提供了依据,使结构在节点处根据指定尺寸自动拆分。

(2)构件模数化与去模数化相结合。结构自动拆分时,阳台、空调板、楼梯等构件应该模数化,但是墙板、楼板构件需要去模数化设计。墙板构件模数化和节点标准化是两个不协同的概念,节点的标准化势必无法保证拆分出的墙板构件为模数化的;同样,模数化的墙板构件也会导致节点各异。而叠合构件不受模数限制的去模数化特点,使结构可以在节点标准化的基础上实现自动拆分。

(3)BIM 技术的运用。显而易见,唯有在 BIM 中整合,才可将节点、构件等信息集成,并通过 BIM 软件自动拆分。

4.3.2 拆分原则

1) 结构平面布置

装配式住宅结构的平面布置宜更加规则、均匀,具体可体现在如下几点。

(1)户型的模数化、标准化,依据《建筑模数协调标准》(GB/T 50002—2013)。

(2)厨房的模数化、标准化,依据《住宅厨房及相关设备基本参数》(GB/T 11228—2008)。

(3)卫生间的模数化、标准化,依据《住宅卫生间功能及尺寸系列》(GB/T 11977—2008)。

(4)楼梯的模数化、标准化,依据《建筑楼梯模数协调标准》(GBJ 101—1987)。

2) 平面形状

依据《装配式混凝土结构技术规程》(JGJ 1—2014),平面长宽比、高宽比不宜过大,局部突出或凹入部分的尺度也不宜过大,平面形状宜简单、规则、对称,质量、刚度分布均匀。

3）竖向布置

结构竖向布置宜规则、均匀，竖向抗侧力构件的截面尺寸和材料宜自下而上逐渐减小，避免抗侧力结构的侧向刚度和承载力竖向突变，承重构件宜上下对齐，结构侧向刚度宜下大上小。

4）构件划分

结构相关预制构件（柱、梁、墙、板）的划分，应遵循受力合理、连接简单、施工方便、少规格、多组合、能组装成形式多样的结构系列原则，其中，①预制梁截面尺寸尽量统一，配筋采用大直筋、少种类；②预制剪力墙两端边缘构件对称配筋；③预制带飘窗墙体、阳台、空调板、楼梯尽量模数化；④楼梯与相邻剪力墙的连接在受力合理的情况下尽量简单。

4.4 深化设计

4.4.1 深化设计流程

预制构件深化设计是工业化住宅实施的关键环节，也是工业化住宅优于传统住宅最集中的体现，集合了不同专业需求。预制构件深化设计是将各专业需求转换为实际可操作图纸的过程，涉及专业交叉、多专业协同等问题。深化设计应由一个具有综合各专业能力、有各专业施工经验的组织（施工总承包方）来承担，通过施工总承包方的收集、协调，把各专业的信息需求集中反应给构件厂，构件厂根据自身构件制作的工艺需求，将各需求明确反映于深化图纸中，并与施工总承包方进行协调，尽可能实现一埋多用，将各专业需求统筹安排，并把各专业的需求在构架加工中实现。其深化设计流程如图4.1所示。

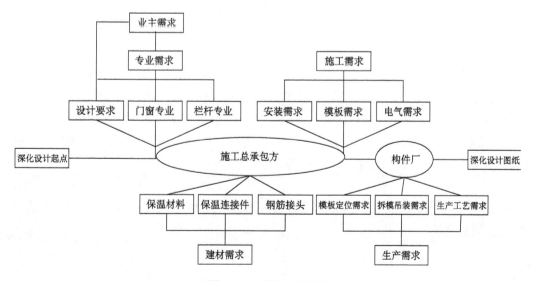

图 4.1 深化设计流程图

深化设计流程特点如下。

（1）构件深化设计前，各方需求由施工总承包方进行整合与集成，然后交由深化设计人进行设计，深化设计交接界面简单。

（2）深化设计中的需求整合工作由具备综合专业能力的总承包单位完成，避免由于深化设计人员专业局限性而造成对各专业需求的理解偏差。

（3）深化设计成果由总承包方进行审核，可较容易地检验是否正确满足了各方需求。

（4）由于总承包方对各专业方提出的需求进行了整合与集成，避免了各方可能存在的矛盾，深化设计集合度显著提高。

4.4.2 深化设计原则

预制构件深化设计应遵循以下原则。

（1）功能需求。

功能需求是决定构件深化设计方向的决定性因素，功能需求已经基本为构件生产及施工安装确定了方向，深化设计时要综合考虑现有建材性能指标。

（2）生产需求及施工需求。

生产需求及施工需求是较为重要的需求条件，是构件从设计完成后到具备加工、安装条件而应具备的需求，没有施工需求与生产需求的实现，构件的生产与施工就无从谈起，而这两个需求的强制性与灵活性也反过来制约着功能需求。由于应满足施工需求与生产需求条件的存在，需要不断地对功能需求进行调整，并逐渐形成一个各方都能接受的深化设计成果，这就是深化设计工作的核心和应完成的任务。预制构件深化设计是综合反应各专业需求的过程，也是将各设计要点综合体现的过程。

4.5 设计应用案例

1. 工程概况

本工程为沈阳市产业化某公共租赁住房工程，建筑面积为 225141.86m^2（不计入地下室面积），设计使用年限 50 年。该工程采用装配式剪力墙结构，共 18 层，包括外墙板 10 种型号、内墙板 10 种型号、叠合板 6 种型号、楼梯板 2 种型号、空调板 1 种型号、PCF 板 2 种型号、女儿墙 7 种型号。地下室、底部加强区、楼梯间内楼梯梁和休息平台板、电梯间以及局部出屋面电梯及装饰架为全部现浇结构（图 4.2）。

此公共租赁住房工程标准层为一梯八户（四个 A 户型、两个 B 户型、一个 C 户型、一个 D 户型），拆分成 20 块外墙板、18 块内墙板、22 块叠合板、6 块 PCF 板、2 块楼梯、10 块空调板。

图 4.2 某产业化工程现场

2. 拆分设计

项目平面拆分图如图 4.3 所示。

1）外墙板、内墙板、女儿墙的拆分

外墙板（图 4.4）、内墙板（图 4.5）、女儿墙首先按照户型模数、开间位置、楼层标高尺寸进行外形拆分，构件厚度为（50+70+200）mm 的三明治夹心保温构件，其中，主要边缘构件的竖向钢筋宜设置在现浇拼缝内，现浇拼缝应配置竖向钢筋和封闭箍筋；上下层相邻预制剪力墙的竖向钢筋采用灌浆套筒连接，通过灌浆料形成竖向连接；门、窗洞的连梁设计成叠合梁，叠合梁箍筋做成开口箍筋。

2）叠合楼板、空调板的拆分

叠合楼板首先按照户型模数、开间位置、板标高尺寸进行外形拆分，楼板整体厚度为 140mm，预制板厚度为 60mm，楼板整体厚度为 180mm，预制板厚度为 80mm，本工程楼板结构受力形式为双向板，预制楼板拼缝采用整体式拼缝，为增大楼板的整体刚度，采用格构式钢筋叠合板，隔墙下加筋采用双面搭接焊，表面做拉毛处理，有外露钢筋的面做成粗糙面，如图 4.6 所示。

空调板按照设计图纸的要求拆分成悬挑构件，相应地布置负弯矩筋、分布钢筋，有外露筋的面做成粗糙面。

3）楼梯板的拆分

预制楼梯梯段预制，一端固定约束，一端滑动约束，相应的楼梯踏步设置防滑条，其他结构配筋按照设计图纸确定，如图 4.7 所示。

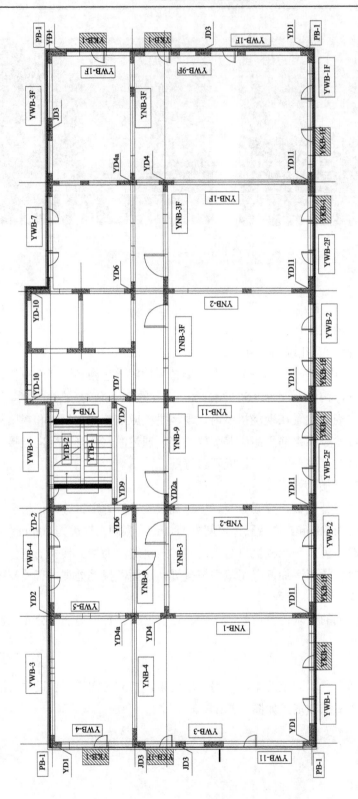

图 4.3 项目平面拆分图

YWB-外墙板；YNB-内墙板；YB-叠合板；YKB-空调板；YNB-女儿墙；YTB-楼梯板；PB-PCF 板

图 4.4　外墙板　　　　　　　　图 4.5　内墙板

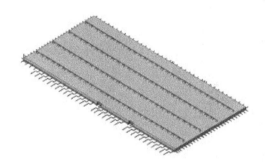 

图 4.6　叠合楼板　　　　　　　　图 4.7　楼梯板

3．建筑专业预留预埋

1）砌筑墙体的构造柱、圈梁、系梁拉结筋的设计

根据砌筑结构抗震构造要求，需设置墙体水平拉结筋，方法有以下几种。

（1）可在预制墙板内预埋 10mm 厚的连接钢板，将墙体水平拉结筋以焊接方式与预制构件相连接。

（2）在预制墙体中预留短钢筋（胡子筋），先根据砌筑材料的模数，在构件中预埋 20cm 的短钢筋，砌筑时墙体的水平筋再与钢筋连接。

（3）采用植筋方式解决墙体拉结钢筋的锚固。

（4）选用预制轻质条板隔墙或免抹灰大孔轻集料砌块等不设置或少设置墙体拉结筋的砌筑材料，减少预留预埋。

2）门窗安装节点深化设计

构件厂生产的预制构件，由于生产方式特殊，具有截面尺寸精确的特点，门窗设计应充分利用这一优势，采用无副框安装方式，从构造上解决外墙-外窗接缝渗漏问题。

3）小型金属构件深化设计

住宅的小型金属构件主要包括室内外栏杆、金属空调板、装饰构件连接件等。在传统结构形式下,由于安装该类小型金属件所需金属埋板定位难的问题,通常采用后埋锚固方式,即采用膨胀螺栓或化学锚栓安装。而对于预制构件,就可以在工厂生产过程中进行金属埋件预埋,预埋精确性可以容易实现,深化设计中要考虑的设计要点主要集中于该类埋件精确定位与其他专业构造冲突关系上,如埋件锚固筋是否与结构筋冲突、锚固长度是否满足要求、与其他专业埋件是否冲突等问题。

4)细部构造设计

为保证上下层相邻构配件拼接牢固,并减少构配件接缝造成可能的外墙渗漏,构配件上下侧可采用企口方案,延长水渗入外墙的路径,并通过空腔构造及导水管措施,解决渗漏隐患问题。PC 板企口构造如图 4.8 所示。

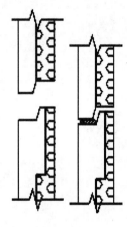

图 4.8 PC 板企口构造

4. 设备专业深化设计

1)燃气专业预留预埋

装配式项目燃气专业预留预埋主要集中在预制山墙入户管道预留问题上,对预制构件进行该专业预留时,主要考虑满足入户燃气管径大小与定位即可,其中,定位问题就是将传统结构中管道预留位置转为相对于工厂生产构件时的位置。

2)给排水管道预留预埋

给排水专业管道预埋主要集中在厨房和卫生间的预制墙体中,一般有两种形式:预埋管线和预留管道槽,主要考虑以下因素。

(1)根据管线型号和位置,将预留管道槽绝对位置正确反映到构件生产图纸中。

(2)预留管道槽要满足管道安装与接驳,例如,需在管道弯头处局部增加留槽深度,确保后装管道弯头与预留管道槽匹配。

(3)预留管道槽深度与管道规格相匹配,确保不会因留槽过浅而导致装修完成后出现管道外露问题。

5. 电气管线综合布线

1）预制墙体内电气管线深化设计

预制构件电气专业的深化设计主要考虑如下因素。

（1）强弱电专业对不同材质线管线盒的需求。

（2）线管直径需考虑后续作业穿线数量及线径的影响。

（3）需要考虑如何实现电气管线后续施工的接驳。

（4）本装配式住宅首次采用了预制山墙，第一次在预制构件中预留电气专业线管线盒，其电气深化设计情况如图4.9所示。

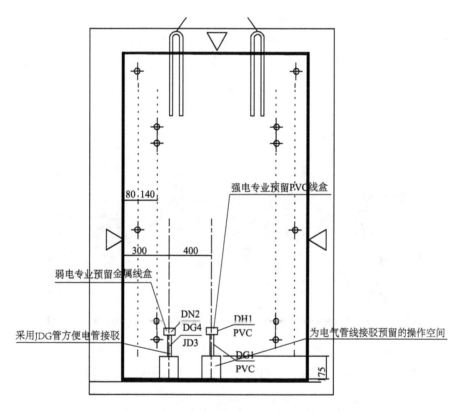

图4.9 经电气专业深化设计后的构件详图

按图4.9进行的预制构件电气深化设计，主要集中在对电气管线预留预埋设计，该部分电气管线的预埋需考虑业主对精装修的需求，即电气管线位置已经确定，而不同部位的预制墙体由于房间布局不同而导致电气线盒预留预埋变化，即根据电气需求，将预制墙板分成不同类型。另外，需考虑强弱电专业不同而采用不同的线盒线管，在预制墙体下部，考虑预埋线管与板埋线管接驳方便，预留了100mm×175mm的操作安装空间。

2）叠合板内综合管线排布设计

针对预制构件电气专业施工而进行的管线排布深化设计，由于预制构件本身截面尺寸的限制，叠合板内管线太多，应对叠合层内的管线进行综合排布，预制构件电气深化设计要求更为精确，一旦设计完成加工制作，与预制构件预埋线盒接驳位置就已经确定了。

装配式施工过程中，集中对预制叠合板电气管线排布进行了深化。叠合板形式如图4.10所示，叠合板已经根据吊装完成后的布局留置了电盒，而由于强电、照明、弱电专业的管线都需从楼板现浇带中穿越排布，叠合板可排布间隙仅有34mm，如果不考虑管线排布，一旦发生管线交叉，将无法完成安装，造成预埋管线外露的问题。叠合板电气深化设计，即对构件生产加工图提前考虑管线排布情况，根据排布情况对电箱布局及叠合板平面布局、细部末端设备布局进行调整，杜绝出现管线二次交叉情况，对不可避免出现的一次交叉部位需在叠合板预留线槽，解决排布空间不足的问题，并对管线安装预留接驳部位，避免管线穿过桁架钢筋造成施工降效。

经过叠合板综合管线排布后，解决了管线交叉带来的施工困难问题，由于提前进行了管线排布，将电管预埋作业向装配式方向演变，解决了管线施工降效问题。

图4.10　叠合板示意图

第 5 章 建造构件生产阶段控制技术

5.1 概　　述

预制构件具有施工方便、外观质量保证、提高工程进度、降低施工难度等特点,因此,在许多工程施工中都有应用。结合预制构件生产全过程体会,对混凝土预制构件的生产技术进行一些总结。

构配件工厂化加工是指按照统一标准定型设计,在工厂内成批生产各种构配件。由工厂生产,所有构件采用工厂化、批量化与精细化制造工艺,显著提高了建筑产品的质量,保证了尺寸形状的精确。

5.2 常见预制构件

预制构件指以混凝土为基本材料预先在工厂制成的建筑构件。包括梁、板、柱及建筑装修配件等,一般常见的预制构件如图 5.1 所示。

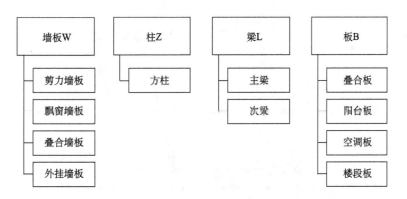

图 5.1　常见的预制构件种类

1) 常见 PC 构件及加工生产工艺

常见混凝土预制构件有 PC 叠合板、PC 叠合梁、PC 柱、PC 板墙、PC 楼梯、PC 空调板、PC 女儿墙板、PC 阳台板等。加工生产的一般过程如图 3.8 所示。

2) 常见钢构件及加工生产工艺

常见的钢构件有 H 型钢构件、箱型钢构件、十字型钢构件等,其常见的连接形式有螺栓连接、焊接等。钢构件的加工流程如图 3.9 所示。

5.3 生产控制要点

5.3.1 模具（板）要求

1. 模具工艺

与其他种类的预制构件相比，住宅构件的形状较为复杂，预埋件较多，对外观质量和外形尺寸的要求也高得多。这就要求模具设计合理、制作精度高、组装精确到位。为满足周转次数要求，模具要有一定的刚度和强度，同时具有较强的整体稳定性，并且容易安装和调整。针对构件的不同特点，采用不同的模具设计方案，以提高模具的利用率和工艺的合理性，达到较高的工作效率。

1）平板构件模具

平板式构件采用平躺式生产，整个模具结构由通用大底模、外侧模和内侧模（用于预留窗洞和固定预埋窗框）组成，侧模和底模之间依靠螺栓连接。通过合理设计实现了不同构件完全或部分共用模具，提高了模具利用率。具体做法如下：按照外形尺寸对构件进行分类，选出可共模构件；按照其中最大构件尺寸进行侧模加工，然后通过侧模在通用大底模上移动位置来实现构件模具的共模，如图5.2所示。

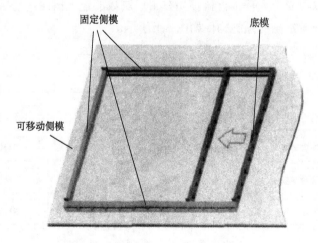

图 5.2　通过侧模移动实现共模示意图

2）非平板构件模具

非平板构件的生产只能采用专用模具，该种模具根据构件形状进行设计，很难重复利用，但可以生产形状比较复杂的多面体构件。图 5.3 为带凸窗墙板和楼梯构件的专用模具。若构件的浇筑和脱模时的体位不同，则模具需设计为可翻转形式。图 5.4 为带凸窗墙板构件的可翻转式模具的脱模示意图，构件平躺生产后与模具一起翻转竖立，先将构件固定在靠架上，脱去侧模，然后将底模下翻回原位即完成脱模。

3）模具组装

（1）底模安装就位。根据生产区操作空间的要求进行底模的排布。底模采用可调螺杆支座，可精确调整高度，在很大程度上保证了模板的表面平整度，防止构件因底模不平发生翘曲。底模水平校准后，采用膨胀螺栓将支座固定于混凝土墩上，防止其在使用过程中移位。

（2）侧模组装。组装前，模板必须清理干净，并保证隔离剂无漏涂或流淌现象。侧模安装时，先通过模板上的定位销使其就位，然后扭紧螺栓将其紧固。模板的组装和固定要求平直、紧密、尺寸准确，并应定期测量模具的平整度，出现偏差时应及时调整。

图 5.3　带凸窗墙板和楼梯构件的专用模具　　图 5.4　带凸窗墙板构件的可翻转式模具脱模示意图

2. 模具要求

（1）对预制构件生产过程来说，模板设计加工对生产起关键作用，深化设计时需考虑模板安装与紧固的可行性、模板对预留预埋件安装定位的可行性，同时深化设计要为制作完成后的构件脱模起吊预留必要埋件。

（2）模板组装就位时，首先要保证底模表面平整度，以保证构件表面平整度符合规定要求。模板与模板之间、侧模与底模之间的连接螺栓必须齐全、拧紧，模板组装时应注意将销钉敲紧，控制侧模定位精度。模板接缝处用原子灰嵌塞抹平后，再用细砂纸打磨。组装好的模板按标准要求进行检查，验收合格后方可转入下一道工序。

5.3.2 预制构件加工要求

1. 预制构件施工阶段要求

1）钢筋工程要求

预制构件施工阶段中的钢筋施工作为其主要步骤，首先要确保钢筋工程施工符合施工要求，施工过程中必须进行配料尺寸严格控制。预制构件在施工过程中由于会受到单独受力作用，钢筋对于预制构件边角保护起到了非常重要的作用。尤其是在预制构件制作的时候，比现浇筑结构更加复杂，且在一些预埋的预制构件中，需要使用钢筋预埋进行构件保护。轴筋制作时必须要按照设计标准，做出准确的尺寸。另外，还应对配料进行严格把关,并对预制构件进行定期检查,对于一些不合格者予以返还或者处罚,直到制作出的轴筋符合设计要求。

预制结构中应该设计保护垫层,为了确保稳住钢筋以及预制构件表面清水,必须针对垫层做好改进工作,平板的垫层块可以改作为正四棱台形,对于立面的垫块可以改卡口为半圆形,并将钢筋卡在半圆内,最后使用绑扎丝绑牢固。绑扎的时候要保证模板安装之后,钢筋保护层符合相应的设计规范和要求,然后将绑扎钢筋的绑扎丝的多余部分弯向构件内侧,避免露到外部形成锈斑,影响到混凝土的外观质量。

2）模板工程要求

为了进一步保障清水混凝土,必须减少模板的投入,还应针对不同的部位设计出不同的类型模板。从脱模剂的应用、模板的安装、维修以及拆除等操作来采取相应的措施。脱模剂在配合的时候,必须注意其会直接影响到预制构件表面的清水效果,并要考虑该脱模剂是否具有良好的脱模性。涂抹脱模剂的时候,涂抹的面积通常超过预制构件内空尺寸 50cm 左右,必须保障混凝土在进行浇筑的时候,其飞溅的砂浆能够非常容易被清除,另外,还应保持地坪的完整性以及平整性。

3）混凝土工程要求

混凝土工程施工的时候必须要保证前后使用的材料一致,水泥选用的厂家、标号、品种、颜色等具有较好的安全稳定性,应该多选取强度较好的水泥。砂石选取的时候应该按照规定选用合格的材料,另外,添加外加剂的时候应该保障混凝土的性能要求,还应保障混凝土的美观性和质量。混凝土在进行浇筑的时候,直接浇筑往往会影响预制构件的强度和质量,因此,在混凝土搅拌的时候,必须要保持色泽一致、搅拌均匀以及配级准确。混凝土振动方法必须准确,振动半径适合整个施工要求,振动过程中应把握好振动时间,否则难以控制混凝土漏浆或者振动不实造成的蜂窝麻面。混凝土在进行养护的时候,应采用湿麻袋或者湿布条进行覆盖养护。另外,还应保持长期适当洒水,混凝土养护前 3d 洒水不能够少于 5 次,7d 不能够少于 3 次。

2. 预制构件加工过程中其他注意事项

（1）预制构件加工时应择优选择原材料,确定合格供货方,确保原材料质量符合现行国家标准。预制构件制作成品质量应满足设计和现行国家规范要求。

（2）预制构件的钢筋加工、预留预埋应符合设计规范及措施性施工功能要求。

（3）预制构件加工厂应按照设计强度进行加工。

（4）预制墙板采用面砖反打成型工艺生产。预制墙板应严格控制模板质量,保证模板强度、刚度及平整度,同时要考虑拼装简单、拆卸方便。

（5）在构件加工厂就预先在预制墙板底部预埋钢筋连接套筒、预制叠合类构件的预留吊环、预制装饰板、预制楼梯以及预制装饰板的预埋吊装螺母,利用加工模板的定位措施把埋件有效定位。预制构件模板制作时,利用定位销座螺栓连接在模板内侧,待构件混凝土浇筑达到一定强度后脱模,完成构件连接部位的准确定位。

5.3.3 预制构件质量控制

1)施工材料质量控制

预制构件生产使用的钢筋、水泥、砂、石、外加剂等,应建立材料进场台账,向供货单位索要合格证,然后按国家规范规定的批量送实验室做复检。需注意的是送检批量,普通钢筋60t一批,水泥200t一批,砂石可按200m³一批,而作为预应力主筋的低碳冷拔丝、冷轧带肋钢筋等需逐盘检验,检验合格后方可使用。

2)施工过程控制

(1)预应力值控制。

预应力构件抗裂性能的关键在于能否建立起设计所需的预压应力值,故施工时必须控制张拉力值和被张钢丝的伸长变形值。由于锚具变形、夹具磨损、钢丝应力松弛等,张拉应力值与实际建立起来的预应力值相差很多,易产生预应力不足的情况,所以张拉控制应力应比设计应力稍有提高,但不得超过 0.056_{con}。检验人员应在张拉完毕1小时后对钢丝应力进行检验,检验数量按构件条数的10%,且不少于1件抽检。钢丝的张拉力用钢丝应力测定仪分三次量测,取其平均值体为一根钢丝的张拉值。

(2)混凝土质量控制。

搅拌前,对混凝土各原材料进行计量抽查,并做好记录,水泥、水的允许偏差为2%,砂石的允许偏差为3%,尤其水的计量更为重要,因为水灰比的大小对混凝土的坍落度和强度有很大的影响。

搅拌中要控制搅拌时间,按规范要求进行。搅拌后应对混凝土的稠度进行检验,一般干硬性混凝土检验维勃稠度,无条件时可检查坍落度。混凝土浇捣过程中应做混凝土施工记录,内容包括搅拌、振捣、运输和养护的方式,以及混凝土试件留置情况。

(3)构件放张控制。

预制构件成型后,经过一定时间的养护,就应出池、放张,养护时间应按养护方式、温度、外加剂掺量的不同根据经验确定,并检查同条件养护的混凝土试件,若能达到混凝土设计强度等级的75%以上,可以签发构件出池(放张)通知单。放张时宜缓慢进行,板类构件应按对称的原则从两边同时向中间放松,采用剪丝钳剪断钢筋时,不得采用扭折的办法。预制构件施工过程的控制还有混凝土的运输、构件的养护、构件的堆放等控制环节,也都十分重要。

3)构件质量的控制

(1)外观质量检验。

在成品堆置场地随机抽样5%,且不少于3件的构件进行外观检查,通过控制构件的外观质量保证构件的使用性能,经常产生的外现缺陷有外伸钢筋松动、外形缺陷、外表缺陷、露筋等。

(2)尺寸偏差检验。

构件尺寸超差的多是长度、宽度、主筋保护层厚度及外露长度,构件外现质量和尺寸偏差合格点率小于60%的，该批构件不合格，大于60%而小于70%的，可以重复抽检，抽取同样数量的构件，对检验中不合格点率超过30%的项目进行第二次检验，并以两次检验的结果重新计算合格点率。

4）构件结构性能检验

结构性能的检验比较费时、费力，所以规范规定的频率比较小，要求三个月且不超过1000件做一次抽检，这是要求生产厂家检验的，加上质量监督部门和建管部门的抽检，每年有六次左右的结构性能检验，基本能够反映一个厂的构件结构性能状况。检验指标一般有三项，对预应力构件，正常使用状态下要求不开裂，则检验指标有抗裂度、挠度和承载力检验三项；对于非预应力构件，正常使用状态下可以有裂缝出现，但对裂缝宽度有要求，则检验指标有裂缝宽度、挠度和承载力三项。

5）技术资料

技术资料是预制构件生产过程中质量控制工作的客观反映，是质量管理的文字记录。

（1）原材料检验不按验收批送检，按国家有关规范要求，进场同一种钢筋按60t为一验收批，作为预应力主筋的各种冷拔丝、冷轧带肋钢筋则为每盘必检，水泥200t为一验收批，超过三个月复验一次，进场不足此数量时也应进行检验。

（2）混凝土成型留置试块数量不足，应按验收批数量每批留置两组试块，一组用于28天强度检验，一组用于出池或放张强度检验，每工作班不超过100m^3混凝土为一验收批，但是目前大部分生产厂无放张时混凝土强度检验，仅凭经验确定放张时间，有时因放张时间早而造成起拱过大或上层开裂现象，影响构件质量。

（3）缺少构件施工记录。构件施工过程的记录应包括：①预应力筋张拉记录；②混凝土施工记录，都有专用表格，应填写齐全，记录真实。

（4）各种检查记录不全。施工过程的检查有：①钢筋（丝）应力检查；②混凝土强度评定表；③构件外观检查记录；④构件尺寸偏差记录；⑤构件结构性能检验报告。

6）部分管理资料

部分管理资料如：张拉设备、计量设备应每年经计量部门检定一次，取得检定合格证书；设备的自检记录；购销台账的登记等。

7）质量保证体系的建立健全

构件生产厂质保体系的建立健全，直接关系到构件生产的质量好坏。质保体系的内容如下：①负责质量检查和技术资料整理应有专门的人员，并且有一定技术知识和相应技术职称；②有严格细致的检查制度及资料管理制度；③有齐全的技术文件，包括预制构件验评标准、构件施工规程、构件标准图集等；④有相应的检查工具，如检查尺、直尺、预应力检测仪等。

5.4 生产应用案例

1）工程概况

某半岛2期工程，地下1层，地上4~12层，总建筑面积8万m^2，钢筋混凝土框架-剪力墙结构。

2）台模加工、安装

（1）台模面板采用8mm厚钢板，背楞主龙骨采用I40a，次龙骨采用80mm×80mm U形钢，厚3mm。为确保焊接质量和台模面的平整度，焊接时使用氩弧焊，钢板接缝必须进行倒角处理，焊缝表面应均匀、平滑、无折皱，严禁有裂纹、夹渣、焊瘤、烧穿、弧坑、针状气孔和熔合性飞溅等缺陷。修补后的焊缝应用砂轮进行修磨，并按要求重新进行检查。

（2）使用行车将焊接好的台模吊装就位，每块台模就位时将蒸汽管道和温控探头等敷设在台模底部，同时将蒸汽阀、电源等进行可靠连接。安装就位后调整台模面水平及相邻台模面的高低差，整体台模校正完毕后与地坪进行固定。

（3）根据实际需求共安装各类台模16块，分4列设置，总面积1200m^2。台模两侧各留设3m宽车道。

（4）针对特殊构件，每块台模设置4套液压顶升装置，通过同步阀进行同步顶升，可将台模顶升到与地面成70°，便于构件脱模、吊运。

（5）台模使用前表面应除锈，刷脱模剂。

3）钢筋、注浆管加工

（1）严格按照设计图纸、规范、图集及钢筋下料单对钢筋下料切割、成型，成型好的钢筋应进行分类摆放并做好标识。

（2）注浆管采用金属波纹管。根据试验数据，当连接钢筋直径≤16mm时，宜采用注浆管直径为40mm；当连接钢筋直径>16mm时，一般注浆管直径取钢筋直径+25mm为宜。

（3）根据构件设计详图，将注浆管切割下料，切割面必须平整、无毛刺，其平直段长度必须连接钢筋搭接长度。注浆管煨弯过程中不得出现注浆管内径压扁、裂隙等现象，注浆口与注浆管成45°～60°。

4）钢筋骨架、网片绑扎

（1）按照构件施工图绑扎钢筋骨架及网片，钢筋骨架、网片绑扎成型后应堆放在规定位置，需要时吊运至台模。钢筋绑扎过程中应严格按规范进行质量控制。

（2）构件钢筋成型后应贴标签进行标识，对易变形的钢筋网片等加设临时加固钢筋，同时做好成品保护。

5）注浆管及安装预留预埋

（1）注浆管预埋。

根据设计注浆管的位置在模板上进行定位，确定注浆管的中心点，并进行复核。将直径与注浆管内径一致的刨花板圆塞圆心点和模板上定位中心点用自攻螺钉固定，然后把注浆管插入圆塞进行固定，并用胶带将刨花板圆塞与注浆管密封，防止在构件浇筑过程中水泥浆进入注浆管内引起堵塞。注浆管直段部位紧贴钢筋并用铁丝绑牢，注意注浆管口与构件面垂直，如图5.5所示。

(2) 安装预埋预留。

将开关盒、电箱等固定在钢筋上,根据墙体厚度焊好限位钢筋,使盒口或箱口与墙体平面平齐。用水平尺对箱体的水平度和垂直度进行校正,用泡沫板塞满箱体并用胶带包裹,防止浇筑过程中水泥浆进入。管与管、管与盒(箱)等采用插入法连接,连接处接合面应涂专用胶合剂,接口应牢固密封,如图 5.6 所示。

 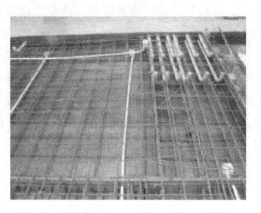

图 5.5　注浆管定位及封堵圆塞　　　　　图 5.6　安装管线预埋

6) 侧模安装

(1) 门窗框、楼梯、构件侧模等尽可能使用定型钢模板,如图 5.7 所示,增加模板周转率。

(2) 根据设计图纸尺寸,钢模板使用剪板机、折边机、切割机等进行切割、下料、成型。按图纸进行拼装就位,用磁铁固定件等固定在钢台模上,经复核无误后在模板内侧刷脱模剂,如图 5.8 所示。

图 5.7　人工摆放侧模　　　　　　　　图 5.8　自动涂抹脱模剂

7）工序验收

各道工序完成后，按《混凝土结构工程施工质量验收规范》（GB 50204—2015）、《清水混凝土应用技术规程》(JGJ 169—2009)、设计图纸、标准图集等相关规范标准进行钢筋隐蔽、模板等相关工序验收，验收合格后方可进行下道工序施工。对于验收不合格的应进行整改和返工，直至符合要求。

8）混凝土浇筑

（1）混凝土拌制前，应测定砂、石含水率，并根据测试结果调整施工配合比。

（2）混凝土应均匀布料，振捣要做到"快插慢拔"，并且上下微微抽动，使混凝土上下振捣均匀。振捣依次顺序进行，避免过振、漏振，直至混凝土表面呈水平、不再显著下沉、不再出现气泡、表面泛出灰浆为止。振捣时应避免振捣棒触及构件侧模、注浆管、管线、预埋件等，如图 5.9 所示。

（3）混凝土施工过程中应有专人负责看护钢筋、模板、水电预留预埋，防止变形、移位等，并及时做好构件表面的压光及叠合板表面拉毛等工序。

（4）混凝土进场应进行坍落度测试，同一批次同强度等级的混凝土制作不少于 3 组试件：一组用于标准养护；另两组进行同条件养护，用以测定脱模及允许吊运时间。

9）养护

（1）混凝土构件浇筑完毕 12 小时内应对构件进行覆盖及保湿养护，对采用硅酸盐水泥、普通硅酸盐水泥或矿渣硅酸盐水泥拌制的混凝土，混凝土浇水养护的时间不得少于 7d；对掺用缓凝型外加剂或有抗渗要求的混凝土，混凝土浇水养护的时间不得少于 14d。采用塑料布覆盖养护的混凝土，其全部敞露表面应覆盖严密，并应保持塑料布内有凝结水。

（2）日平均气温低于 5℃时，不得浇水并采取保温措施。当气温达不到自然养护条件或需要较早脱模时，可采用蒸汽养护，蒸汽养护一般宜用 65℃左右的温度蒸养，养护时应采用帆布、油布覆盖。为了避免由于蒸汽温度骤然升降而引起混凝土构件产生裂缝变形，必须严格控制升温和降温的速度。成品养护如图 5.10 所示。

图 5.9 混凝土浇筑

图 5.10 成品养护

10）脱模

（1）混凝土强度能保证其表面及棱角不因拆模而受损坏时，可拆除侧模。

（2）构件起吊脱模时，混凝土强度必须符合设计要求。当设计无专门要求时，非预应力构件不应低于设计的混凝土立方体抗压强度标准值的50%；预应力构件不应低于设计的混凝土立方体抗压强度标准值的75%。

（3）叠合板等水平构件吊运须使用专用吊具，同时确保各吊点受力均匀，避免因构件受力不均引起断裂。

第6章 建造构（配）件运输阶段控制技术

6.1 概 述

构件运输就是将在工厂生产的金属结构构件或预制钢筋混凝土结构构件或门窗运到施工现场进行安装或吊装。从广义上来考虑运输的含义，应该包括运输的全过程，即装车、运输、卸车及堆放四个环节。除了与建筑行业的关系，运输与物流行业也有着紧密的联系。

1）装车

装车与卸车属反置环节，工作内容基本一致。装车环节由预制构件生产厂商负责，作为一个专业的生产厂商，应该拥有足够的操作经验与齐备的设备器具，以完成本环节任务，且设备器具属生产厂商自有，在成本方面很少出现不合理现象。

2）运输

运输的方式主要有陆运、水运等，一般采用陆运。由载重汽车、平板拖车组、壁板运输车运输，并配置汽车式起重机从预制场起吊到车上，待运输车运到施工现场后，再从车上起吊堆放到现场。由于拖拉机和双轮板车运输的特点主要是机动灵活、价格便宜，所以在中、小城市一般普通构件通常用拖拉机运输，还有用双轮板车运输的，如预制钢筋混凝土空心板、平板、槽形板，6m 以内各种单梁、挑梁、过梁以及垫块、楼梯段等。

运输方法主要分为平运和立运。平运是将构件重叠平放在汽车、拖车、壁板运输车或车架上，各层之间将方垫木放在吊点位置处，以便起吊；立运是将构件靠放在简易运输架或车架的两侧，或将构件内插在简易运输架或车架内，利用车架顶部丝杠或木楔将构件固定，并用钢丝绳或镀锌铁丝加固捆紧，以免错动。

预制构件有梁柱三维构件、单梁、楼板、内外墙及整体厨卫等不同类型，运输时根据构件情况采用不同的运输方法，如预制楼板采用平放；内外墙采用立运，如图 6.1 和图 6.2 所示。

3）卸车

构件运输到施工现场后，根据现场堆放场地的要求及构件吊装安装平面布置图，将构件从车上卸下，分别按构件型号和吊装顺序依次堆放至指定位置。卸车、装车与构件的安装同样需要吊装机械进行工作。然而，装车、卸车的工作地点不同，需要两套吊装机械。尽管卸车可利用施工现场构件吊装的吊车，但项目初期吊车未进场时，为了满足卸车的需要，仍需租赁汽车吊进行卸车。

图 6.1　预制楼板平放运输

图 6.2　内外墙立放运输

4）堆放

构件的堆放方法有平放和立放。平放即直接在施工现场平地上放置垫木,将构件一层一层地平放在垫木上,各层垫木的位置要紧靠吊环,以便起吊；立放即将构件靠放在架上或插放在特制的插放架上,用垫木隔开和用木楔楔紧,个别的也有利用现场地形（坡度）将构件斜靠立放的。

6.2　运输堆放质量原因及控制

1. 吊环断裂

1）原因分析

（1）使用冷加工过的或含碳量较高的或锈蚀严重的一级钢筋做吊环。

（2）吊环的埋深不够,而且采取的措施不当,吊装时受力不均匀而被拉断。

（3）吊环设计直径偏小或外露过长,经反复弯曲受力引起应力集中,局部硬化脆断。

（4）冬季施工气温低,受力后脆断。

2）防治措施

用做吊环的钢筋必须使用经力学试验合格的 HPB 300 钢筋,且严禁使用经过冷加工后的钢筋做吊环。吊环应按设计规范选取相应直径的 HPB 300 钢筋,埋设位置应正确,使受力均匀,避免承受过大的荷载,冬季吊装应加保险绳套。

2. 撞伤、压伤、兜伤

1）原因分析

（1）细长构件起吊操作不当,发生碰撞冲击将构件损伤。

（2）构件在采用捆绑式或兜式吊装、卸车时,保护措施不力,致使构件的棱角损伤或撞伤。

(3) 构件装车堆垛时，间隙未楔紧、绑牢，致使在运输过程中发生滑动、串动或碰撞。

(4) 支承垫木使用了软木或使用的砖强度不够。

(5) 构件堆放层数过多、过高，而且支承位置上、下不齐，造成下层构件压伤、损坏。

2) 防治措施

在构件装车、卸车、堆放过程中，针对不同的构件，要采取相应的保护措施，操作要认真、仔细，稳起稳落，避免碰撞，构件之间要相互靠紧，堆垛两侧要撑牢、楔紧或绑紧，尽量避免使用软木或不合格的砖做支垫，以保证运输中不产生滑动、串动或碰撞。汽车司机在运输过程中应控制车速，尽量避免行驶过程中的紧急刹车行为。

3. 裂缝、断裂

1) 原因分析

(1) 构件堆放不平稳或偏心过大而产生裂缝。

(2) 场地不平、土质松软使构件受力不均匀而产生裂缝。

(3) 悬臂梁按简支梁支垫而产生裂缝。

(4) 构件运输、堆放时，支承垫木位置不当，上、下支点位置不在一条直线上，悬挑过长，构件受到剧烈的颠簸或急转弯产生的扭力，使构件产生裂缝。

(5) 构件装卸车，码放起吊时，吊点位置不当，使构件受力不均受扭；起吊屋架等侧向刚度差的构件，未采取临时加固措施或采取措施不当，安放时速度太快或突然刹车，使动量变成冲击荷载，常使构件产生纵向、横向或斜向裂缝。

(6) 柱子运输堆放搁置，上柱呈悬臂状态，使上柱与牛腿交界处出现较大负弯矩，而该处为变截面，易产生应力集中，导致裂缝出现。

(7) 板类构件主筋位置上、下不清，堆放时倒放或放反。

(8) 构件搬运和码放时，混凝土强度不够。

2) 防治措施

混凝土预制构件堆放场地应平整、夯实，堆放应平稳，按接近安装支承状态设置垫块，垂直重叠堆放构件时，垫块应上、下成一条直线，同时梁、板、柱的支点方向和位置应标明，避免倒放、放错。运输时，构件之间应设垫木并互相楔紧绑牢，防止晃动、碰撞、急转弯和急刹车；屋架、薄腹梁、柱、支架等大型构件吊装，应仔细计算确定吊点，对于屋架等侧面刚度差的构件，要用拉杆或脚手架横向加固并设牵引绳，防止在起吊过程中晃动、颠簸、碰撞，同时吊放要平稳，防止速度太快和急刹车。

柱子堆放时，在上柱适当部位放置柔性支点，或在制作时通过详细计算，在上柱变截面处增加钢筋，以抵抗负弯矩作用。一般构件搬运、码放时，其强度不得低于设计强度的75%，如屋架等特殊构件不得低于100%。

纵向裂缝一般可采用水泥浆或环氧胶泥进行修补、封闭。当裂缝较宽（大于0.3 mm）

时,应先沿缝凿成八字型凹槽,再用高于设计强度一个等级的水泥砂浆或 TJ 早强微膨胀灌浆料或专用环氧胶泥嵌补,如表 6.1 所示。构件边角纵向裂缝处的松动混凝土必须剔除,然后用高于一个设计等级的水泥砂浆或细石混凝土修补。由于运输、堆放、吊装等引起的表面较细的横向裂缝,在清洗、干燥后用环氧胶泥涂刷表面进行封闭。当裂缝较深时,可根据受力情况制定出措施后进行处理,裂缝贯穿整个截面的构件不得使用。

表 6.1 环氧胶泥配方(重量比)参考表

环氧树脂/g	甲苯二甲酸二丁酯/ml	丙酮/ml	乙二胺/ml	粉料/g
100	30	10	8~10	350~400
100	30~50	10	8	250~450

注:粉料可以采用滑石英钟料、水泥、石英粉。

6.3 运输控制要点

装配式住宅的预制板包括预制外墙板、预制楼板、预制楼梯、预制阳台板和预制空调板 5 种类型,每种类型又有多种型号,预制板形状有平板形、折板形、L 形,在运输时,应根据不同形状及受力要求进行运输,保证板的完好。

(1)根据施工现场的吊装计划,提前一天将次日所需型号和规格的外墙板发运至施工现场。在运输前应按清单仔细核对墙板的型号、规格、数量及是否配套。

(2)运输车辆可采用大吨位卡车或平板拖车。装车时先在车厢底板上铺两根 100mm×100mm 的通长木方,木方上垫 15mm 以上的硬橡胶垫或其他柔性垫,根据外墙板尺寸用槽钢制作人字形支撑架,人字形架的支撑角度控制在 70°~75°。然后将外墙板带外墙瓷砖的一面朝外斜放在木方上。墙板在人字形架两侧对称放置,每摞可叠放 2~4 块,板与板之间需在 $L/5$ 处加垫 100mm×100mm×100mm 的木方和橡胶垫,以防墙板在运输途中因震动而受损。

(3)预制构件根据其安装状态受力特点,制订有针对性的运输措施,保证运输过程构件不受损坏。

(4)在预制构件运输过程中,运输车根据构件类型设专用运输架,且需有可靠的稳定构件措施,用钢丝带配合紧固器绑牢,以防构件在运输时受损。

6.3.1 构件吊装控制

1)装配式构件安装专用吊装梁(图 6.3 和图 6.4)及吊点附属吊具的选用要求

(1)起吊吊具应符合起吊要求,采用预埋吊环形式的吊点应采用专用起吊卸夹。埋置式接驳器专用吊具应经过计算,符合构件重量的起吊量。

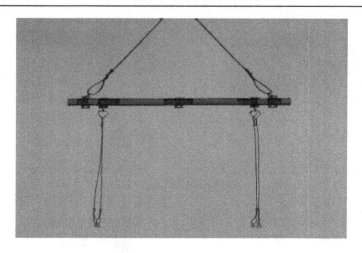

图 6.3 吊梁及 4 根吊绳

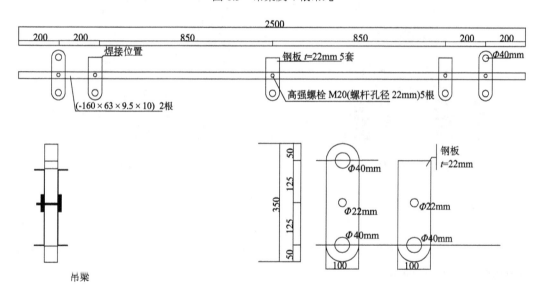

图 6.4 吊梁构造示意图

（2）为确保构件起吊时各吊点能竖向垂直受力,应按构件吊点的埋设规则制作吊梁、长形吊架、吊环等吊具。

（3）吊具应进行计算验证符合最大起重重量要求,大型构件的起重吊具需经过有资质的设计院计算验证合格后加工使用。

2）预制构件起吊中吊点位置的设计

（1）PC 构件起吊吊点应合理设置,防止起吊引起构件变形,如图 6.5～图 6.8 所示。

（2）PC 构件吊点可预埋已经过计算验算的吊钩（环），也可采用可拆卸的埋置式形式在构件内预埋接驳器。埋置式接驳器应与内埋件或钢筋做可靠的焊接连接。

图 6.5 叠合板吊装

图 6.6 预制墙板吊装

图 6.7 预制飘窗吊装

图 6.8 PC 楼梯吊点布置

3）起吊过程的注意事项

对于一些重量过重的预制构件，如有些 PC 外墙板重量达 5.8 吨，在选择吊具时尽量使吊点垂直受力，避免吊装螺杆受到剪切力。且吊具需要经常检查，出现问题立即替换，吊装用螺栓需定期更换。

6.3.2 运输路线的确定

针对运输路线的选择，需考虑运输路线的长度、路线路况、途径路线车流量等影响构件运输的各种因素，从而制定合理的路线方案及备选应急方案。若遇到构件厂与施工项目运输路程较长的情况，需在 PC 构件运输之前，预先走一遍路线，将限高、限宽、限重和路面状况不好的地段标出，调整运输线路。部分路段限高无法绕行，应降低运输车辆底盘，确保构件运送顺利，PC 构件运输时出现问题应立即同构件厂、业主等相关单位协商、解决。

在构件运输前要测试至少两条以上的运输路线，确定空车实际测试行程时间和勘察高峰期时段、路况、交通限制等。使用拖车时，构件尺寸超出运输车辆沿线需要向相关部门申请许可，所以务必事先进行严密的道路调查。

6.4 运输应用案例

1) 运输条件

本工程构件为钢筋混凝土预制构件。根据工程特点,主要采用公路用汽车进行构件的运输,所有本工程需要的钢筋混凝土预制构件在工厂制作验收合格后,于安装前一天运至施工现场进行验收,验收合格后码放整齐。

对承运单位的技术力量和车辆、机具进行审验,并报请交通主管部门批准,必要时要组织模拟运输。在吊装作业前,应由技术员进行吊装和卸货的技术交底。其中,指挥人员、司索人员(起重工)和起重机械操作人员,必须经过专业学习并接受安全技术培训,取得《特种作业人员安全操作证》;所使用的起重机械和起重机具都是完好的。

2) 预制构件分布

本项目在2#、3#住宅楼顶板、阳台板、空调板施工中采用了预制叠合板进行施工,楼梯为预制楼梯,如表6.2所示。

表6.2 预制构件分布

建筑单体	楼梯板	空调板	阳台板	顶板叠合板	预制梁	楼梯间隔墙
2#、3#住宅楼	4~27层	5~27层	5~27层	4~26层	4~机房层	4~27层

3) 预制构件数量及尺寸

本项目同种预制构件尺寸差别大,有顶板叠合板、空调叠合板、阳台叠合板、楼梯板、楼梯间隔墙板、楼梯间横梁等10多种尺寸。顶板叠合板根据各房间尺寸的不同也有5150mm×1500mm、5150mm×2150mm、4250mm×1890mm、5350mm×1600mm、5350mm×2700mm等5种尺寸。构件尺寸的不同会给预制构件的生产、运输、堆放、吊装、配套等带来困难。

每栋住宅楼每层构件各参数如表6.3所示。

表6.3 每栋住宅楼每层构件各参数表

序号	部位	数量/块	尺寸种类	最大平面尺寸/m	重量/吨
1	顶板叠合板	8+6+9	6(6)	≈2.7×5.35	≈2.26
2	阳台板	7	2	≈3.48×1.25	≈0.68
3	空调板	4	2	≈0.67×1.2	≈0.13
4	楼梯板	2	1	≈1.25×4.6	≈5.02
5	楼梯间隔墙	1	1	≈3.9×2.2	≈3.34
6	楼梯隔墙梁	1	1	≈4.6×0.7	≈0.9
总计	—	38	13	—	—

4）进场预制构件数量及频次

2#、3#住宅楼预制构件同日进场，且每次进场预制构件数量不少于一楼层的数量。每楼层构件进场时间间隔将根据施工进度通知决定。

5）预制构件的装车与卸货

（1）运输车辆可采用大吨位卡车或平板拖车。

（2）在吊装作业时必须明确指挥人员，统一指挥信号。

（3）不同构件应按尺寸分类叠放。

（4）装车时先在车厢底板上做好支撑与减震措施，以防构件在运输途中因震动而受损，例如，装车时先在车厢底板上铺两根 100mm×100mm 的通长木方，木方上垫 15mm 以上的硬橡胶垫或其他柔性垫。

（5）上下构件之间必须有防滑垫块，上部构件必须绑扎牢固，结构构件必须有防滑支垫。

（6）构件运进场地后，应按规定或编号顺序有序地摆放在规定的位置，场内堆放地必须坚实，以便防止下沉和构件变形。

（7）堆码构件时要码靠稳妥，垫块摆放位置要上下对齐，受力点要在一条线上。

（8）装卸构件时要妥善保护，必要时要采取软质吊具。

（9）随运构件（节点板、零部件）应设标牌，标明构件的名称、编号。

6）预制构件运输

（1）构件运输前，根据运输需要选定合适、平整、坚实路线。

（2）在运输前应按清单仔细核对楼梯的型号、规格、数量及是否配套。

（3）本工程所有预制构件采用平运法，不得竖直运输。

（4）构件重叠平运时，各层之间必须放 100m×100m 木方支垫，且垫块位置应保证构件受力合理，上下对齐。

（5）预制构件应分类重叠存放，如图 6.9 所示。

图 6.9　钢筋混凝土预制叠合板的运输

图 6.10　预制楼梯运输示意图

(6）运输前要求构件厂按照构件的编号，统一利用黑色签字笔在预制构件侧面及顶面醒目处做标识和吊点。

（7）楼梯运输时要按照楼梯的型号，主要针对楼梯的栏杆插孔以及楼梯的防滑槽区分楼梯的上下梯段和型号，如图 6.10 所示。

（8）运输车根据构件类型设专用运输架或合理设置支撑点，且需有可靠的稳定构件措施，用钢丝带加紧固器绑牢，以防构件在运输时受损。

（9）车辆启动应慢、车速行驶均匀，严禁超速、猛拐和急刹车。

7）运输的安全管理及成品保护

（1）为确保行车安全，应进行运输前的安全技术交底。

（2）在运输中，每行驶一段（50km 左右）路程，要停车检查钢构件的稳定和紧固情况，如发现移位、捆扎和防滑垫块松动时，要及时处理。

（3）在运输构件时，根据构件规格、重量选用汽车和吊车，大型货运汽车载物高度从地面起不准超过 4m，宽度不得超出车厢，长度不准超出车身。

（4）封车加固的铁丝，钢丝绳必须保证完好，严禁用已损坏的铁丝、钢丝绳进行捆扎。

（5）构件装车加固时，用铁丝或钢丝绳拉牢禁固，形式应为八字形、倒八字形、交叉捆绑或下压式捆绑。

第 7 章　建造安装阶段控制技术

7.1　概　　述

　　构配件安装阶段作为建筑工业化的关键阶段，是装配式建筑质量控制及构配件装配化程度的重要保障。在实际项目中，安装阶段所涉及的安装与连接构造处理技术会因项目的差异产生不同的施工做法。预制装配式结构的发展应用除需材料科学和设计理念的支撑外，施工安装技术对其发展也有着决定性的影响。

　　本章以实际工程案例为依据，按照工程施工顺序，总结归纳装配建筑在安装阶段的装配要点，具体从构配件支撑体系控制技术、构件吊装体业控制技术、预制墙板间现浇节点支模控制技术、构配件连接控制技术四方面，重点阐述其实际操作过程中的技术要点，旨在提供真实的操作技巧，完善施工人员在实际工程中的施工操作手法。

7.2　建造安装要点

7.2.1　构配件支撑体系控制技术

1）叠合板独立支撑体系安装

（1）叠合板与墙（梁）顶阴角的硬架支模（叠合板支撑体系的准备）。

　　为保证叠合板伸入支座的长度，墙梁顶部应下降 1～3cm，故该板缝处应设硬架支模，如图 7.1 所示。加工制作阴角定型托撑封堵叠合板与剪力墙（梁）顶部的缝隙，可利用大模板最上层螺杆孔，用方木背衬净面板封堵，如图 7.2 所示，同时在硬架支模上与叠合板、剪力墙接触部位贴双面胶带，确保接缝不漏浆。

图 7.1　阴角的硬架支模　　　　　　　　　图 7.2　阴角托撑

（2）支撑安装。

安放槽钢两端的独立支撑，用螺栓将独立支撑与槽钢固定，如图 7.3 所示，再利用独立支撑的调节螺丝基本调平，如图 7.4 所示；然后安装槽钢中间部位的独立支撑，同样用螺栓固定，调整独立支撑高度；待所有独立支撑与槽钢连接完毕后（图 7.5），利用墙梁顶部调整好的硬架支模，拉线调整独立支撑体系顶面标高。

图 7.3 支撑与槽钢固定

图 7.4 调节螺丝

2）预制墙体斜撑安装

吊装预制墙体时，应先在起吊状态固定底部的角码，确保 PC 墙体的平面位置准确后，再安装斜撑固定。不得利用可调斜撑来控制 PC 墙体的平面位置（斜撑在地面的固定点一般无法提供足够的拉力或推力）。斜撑的角度可以调整在 30°～60°，现场建议调整为 45°，并注意避开满堂架的位置。斜撑在 PC 墙体上的高度宜为 1800～1900mm，如图 7.6 所示。

图 7.5 独立支撑体系

图 7.6 临时支撑

3）预制楼梯标高控制

预制楼梯吊装需搁置在下方排架上，平台板处标高便于控制，但是在斜面上也必须设置排架，此处标高不便控制，故在楼梯加工时，预埋螺孔，连接三角连接件，通过控制三角连接件下表面标高来控制楼梯标高。

7.2.2 构件吊装作业控制技术

1）起吊控制

附属吊具的选用要求与运输阶段相同。

（1）需将起吊点设置于预制构件重心部位，避免构件吊装过程中由于自身受力状态不平衡而导致构件旋转问题。

（2）当预制构件生产状态与安装状态一致时，尽可能将施工起吊点与构件生产脱模起吊点相统一。

（3）当预制构件生产状态与安装姿态不一致时，尽可能将脱模用起吊点设置于安装后不影响观感的部位，并加工成容易移除的方式，避免对构件观感造成影响。

（4）当施工起吊点不可避免地位于可能影响构件观感的部位时，可采用预埋下沉螺母的方式解决，待吊装完成后，经简单处理即可将吊装用螺母孔洞封堵。

（5）考虑安装起吊时可能存在的预制构件由于吊装受力状态与安装受力状态不一致而导致的不合理受力开裂损坏问题，设置吊装临时加固措施，避免由于吊装而造成构件损坏。如起吊大型空间构件或薄壁构件前，应采取避免构件变形或损伤的临时加固措施。

（6）构件在起吊时，绳索与构件水平面所成夹角不宜小于45°；臂度必须小于45°时，应经过验算或采用吊架起吊，如图7.7和图7.8所示。

（7）对于一些重量过重的预制构件，如有些PC外墙板重量达5.8t，在选择吊具时应尽量使吊点垂直受力，避免吊装螺杆受到剪切力。

图 7.7 叠合板吊装

图 7.8 叠合梁吊装

2）安装就位控制

（1）构件安装就位后，应及时校正，确认达到设计和标准要求，并保证构件的稳定性。

（2）校正时，对构件外力着力点处的混凝土采取槽钢或角钢保护等措施，避免对构件局部施加外力时造成边角损坏。

（3）校正时，应严格控制构件的水平度、垂直度、进出位置等参数，如图 7.9～

图 7.12 所示。

(4) 校正后, 及时进行临时固结、焊接或浇灌混凝土, 将构件固定牢固, 防止变形和位移。

图 7.9　墙轴线微调　　图 7.10　PC 垂直验收　　图 7.11　墙到线的控制　　图 7.12　墙面垂直测量

7.2.3　预制墙板间现浇节点支模控制技术

1) 两块预制墙板之间 "一" 字型现浇节点

现浇节点采用内侧单侧支模, 外侧利用两侧墙板外装饰面作为外模板。外装饰面之间的缝隙外侧采用聚氯乙烯棒填塞, 填塞完毕后, 从内侧打发泡胶后用壁纸刀修平。"一"字型现浇节点模板支设如图 7.13 所示。

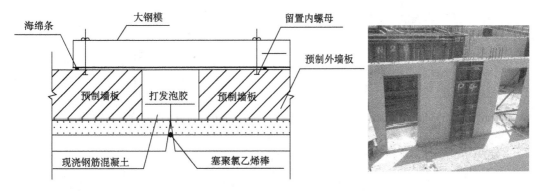

图 7.13　"一"字型现浇节点模板支设图

2) 两块预制墙板之间 "T" 型现浇节点

现浇节点内侧采用单侧支模, 墙板外侧采用 50mm×100mm 的木方, 木方内采用 80mm 厚的聚苯板塞牢。利用铅丝拉外侧的通长木方, 内侧固定在现浇柱的附加钢筋上。"T" 型现浇节点模板支设如图 7.14 所示。

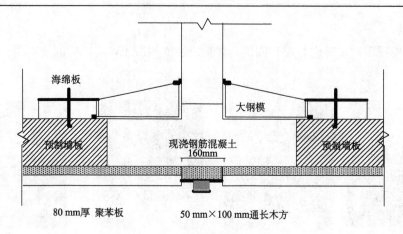

图 7.14 "T"型现浇节点模板支设图

3）预制墙板转角处墙板之间"L"型现浇节点

现浇节点内侧采用标准角模，外侧采用定制异性角模，内外侧角模采用穿墙螺杆连接固定。"L"型现浇节点模板支设如图 7.15 所示。

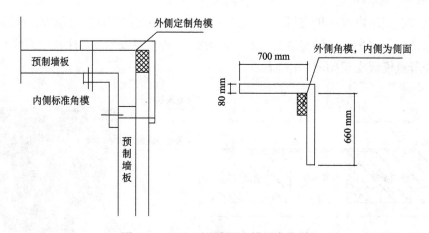

图 7.15 "L"型现浇节点模板支设图

7.2.4 构配件连接控制技术

1. 构配件连接方式

构配件连接方式分类如图 7.16 所示。

2. 常用连接方式介绍

1）预制混凝土构件连接

通常混凝土预制构件中已预埋部分钢筋，要实现预制与现浇结合，就须将预制构件之间的钢筋相互连接，或将预制构件的预埋钢筋与现浇部分钢筋进行连接。

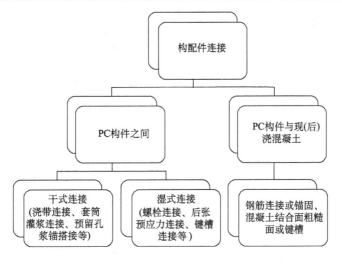

图 7.16　构配件连接方式分类

（1）套筒灌浆连接。

套筒灌浆连接是钢筋连接最常见的形式，如图 7.17 所示。套筒灌浆连接的原理是透过铸造的中空型套筒，钢筋从两端开口穿入套筒内部，不需要搭接或融接，钢筋与套筒间填充高强度微膨胀结构性砂浆，即完成钢筋续接动作。其连接的机理主要是借助砂浆受到套筒的围束作用，加上本身具有微膨胀特性，从而增强与钢筋、套筒内侧间的正向作用力，钢筋即借由该正向力与粗糙表面产生的摩擦力，来传递钢筋应力。

图 7.17　常见套筒连接

①套筒灌浆技术的基本要求。
- 预制构件钢筋连接用套筒应全数检查，其品种、规格、性能等应符合现行国家标准和设计要求，质量合格证明文件必须齐备。
- 套筒灌浆连接用套筒性能应符合下列规定：屈服强度不应小于 355MPa；抗拉强度不应小于 600MPa；延伸率不小于 16%。
- 套筒式钢筋连接器的性能检验应符合《钢筋机械连接技术规程》（JGJ107—2016）中Ⅰ级接头性能等级要求。

②灌浆料性能要求。

套筒钢筋灌浆连接用灌浆料性能要求如表 7.1 所示。

表 7.1 套筒钢筋灌浆连接用灌浆料性能要求

项目		性能指标
流动度	初始	≥300mm
	30 min	≥260mm
抗压强度	1 天	≥45 MPa
	7 天	≥60 MPa
	28 天	≥85 MPa
竖向膨胀率	24 小时	0.06 %～0.5 %
对钢筋锈蚀作用		无锈蚀

③注浆技术。

墙体注浆时可以用聚乙烯棒、座浆料防漏浆，注浆时底面分仓、分段灌注，下孔注浆、上孔流出，如图 7.18 所示。

图 7.18 墙体注浆技术

（2）浆锚搭接连接。

钢筋浆锚连接是一种将需搭接的钢筋拉开一定距离的搭接方式。以往钢筋的搭接，强调将需搭接的钢筋绑扎在一起，以便于钢筋之间的传力。而这种将需搭接的钢筋拉开一定距离的搭接方式也可以保证钢筋之间的传力。

钢筋浆锚连接技术意味着将拉结钢筋锚固在灌浆套筒、凹槽、节点等处，而不是直接浇筑并埋置在混凝土构件中，或是直接浇筑在现浇混凝土中，如基础结构中。这就意味着在钢筋中的拉力必须通过剪力传递到灌浆料中，进一步通过剪力传递到灌浆料和周围混凝土之间的界面中，国外也称为间接锚固或间接搭接。

浆锚搭接连接包括螺旋箍筋约束浆锚搭接连接、金属波纹管浆锚搭接连接以及其他采用预留孔洞插筋后灌浆的间接搭接连接方式。常见浆锚搭接连接如图 7.19 所示。

第 7 章 建造安装阶段控制技术

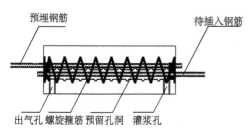 

(a) 螺旋箍筋约束浆锚搭接连接

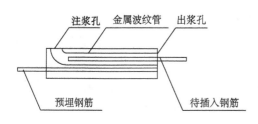 

(b) 金属波纹管浆锚搭接连接

图 7.19 常见浆锚搭接连接

（3）其他预制构件连接技术。

除上述提到的连接技术外，对于预制构件的连接，在工程中还有其他连接技术，具体技术如表 7.2 所示。

表 7.2 其他预制构件连接技术汇总表

序号	名称	连接形式的具体含义	工艺特点及复杂程度
1	现浇带连接	在要连接的上下层构件之间设置现浇带，钢筋通常采用搭接方式，构件安装就位后浇筑混凝土，把上、下两片剪力墙连接为整体	施工中上部墙体难以固定，连接时为 100% 同截面错接，现浇带顶面的混凝土难以浇筑密实
2	预留孔洞钢筋搭接技术	在柱子、墙体中预留孔洞，插入钢筋后将孔洞灌实，钢筋满足搭接长度，将柱子及墙体上、下部分构件连接成为整体	该工艺安装过程中对于预制构件的临时固定要求严格
3	螺栓连接及锚固技术	在上层剪力墙下端设置带有预留孔洞的钢板，下层设有上端带有螺纹的插入钢筋作为螺杆，连接时将插入钢筋穿过钢板与上层剪力墙用螺帽连接，向连接部位灌注混凝土使成为整体	此种机械连接构造简单，但对精度要求相对较高
4	Wall Shoes 连接	将连接器置于预制构件中，并在 Wall Shoes 安放位置预留开口；下层剪力墙中预埋钢筋，连接时将下层剪力墙钢筋从 Wall Shoes 底板预留孔道中穿入连接器，并用螺栓锚固于底板上，之后向连接器及水平接缝处灌注混凝土使连接成为整体	简单快捷且易于安装的连接方式

2) 预制钢构件连接

(1) 直接式连接。

直接式连接又称"无结"连接,是将主要受力构件在节点部位直接贯通,而其他相对次要的受力构件直接焊接在主要构件上,同时杆件接合可分为柱的接合与梁的接合。这种连接方式结点部主次分明、传力直接、构造简单、形态美观,是一种非常好的连接方式,如图7.20所示。直接式连接分为直接焊接连接和直接搭接连接两种形式。

①直接焊接连接。

直接焊接连接方式在空间钢管结构中运用较多,称为钢管直接相贯焊接节点。在实际工程应用中不仅节省钢材和焊接工作量,而且更易于维护保养。同时这种连接要求有很高的切割技术和焊接技术,如果施工误差较大,会在结构中产生不利的焊接应力,影响结构整体的受力性能。直接焊接连接中焊缝外观质量的好坏直接影响到美观效果,是需要在设计时加以考虑的,一般通过现场打磨和涂料装饰的办法来加以解决。

②直接搭接连接。

直接搭接连接是通过构件之间相互搭叠、穿插、夹合等方法来进行结合,形成建筑体系的。这种连接方式不必像直接焊接一样在构件连接处互相断开,可以保证构件的完整性,也不需要特殊的连接构件,仅在两构件相互叠合的位置用螺栓或者焊接的方式加以简单的起辅助作用的固定,甚至不需要做固定而直接放在上部即可。这种连接方式传力直接明确,标准化程度高,加工与装配比较容易。

图7.20 直接式梁柱节点

(2) 托座式连接。

托座式连接是指从主要受力构件上伸出一个托座或牛腿,其他构件通过焊缝或螺栓和托座连接在一起的连接方式。托架是比较常见的托座式连接方式,托架在所有接合中,除了承受轴向力构件的连接与梁柱之间的连接,其他的连接均需承托的帮助。承托可使用角钢、角钢加劲板和T型钢等。这种连接方式构造精美,各种连接件制作精良,连接巧妙,可体现节点构造的形态美。实际项目中的托盘座式连接如图7.21所示。

图 7.21　托盘座式连接

（3）连接件式连接。

按连接件制作加工方法不同，可以将连接件式连接分为焊接连接件连接和铸钢连接件连接，另外，空间网架结构连接件作为一种专用的连接件，其制作工艺焊接和铸造两种方式都有。

①焊接连接件。

焊接连接件是在工厂用焊缝连接的方法，按照构件连接的需要，制作出来的具有多向接口的连接件。相对于铸钢连接件，焊接连接件对制作条件要求不高，制造成本低，可以根据需要对每个节点进行独立的焊接加工，适应性强，对连接件大小没有限制，可以制作成较大的连接安装单元，能够实现大型或者巨型钢结构构件的连接。

②铸钢连接件。

铸钢连接是一种在焊缝连接的基础上发展起来的连接技术，除具有焊接连接件对于复杂形式的构件连接的适应性特点之外，其制作更加精确，受力更加可靠，能适应复杂的受力条件。铸钢连接件在形式上简洁明快，精致准确，具有雕塑感，适用于对节点形态要求高的钢结构建筑构件连接。实际项目中的铸钢连接件节点如图 7.22 所示。

图 7.22　铸钢连接件节点图

③空间网架结构连接件。

这种连接方式只使用一种连接件就可将整个体系连接起来，且可向不同的方向伸展，有极大的适应性，给设计、加工和装配带来了很多的方便，如图7.23所示。

图7.23　常见的几种空间网架的结构连接件

（4）销式连接。

销式连接主要用于结构中的铰节点和受拉构件的连接，希望能在被连接的构件之间自由转动。销式连接对于结构抗震和应对构件的位移十分有利，在大量使用受拉构件的现代结构中运用广泛。销式连接要求有很高的部件精度和施工精度，能表现工业化建造的工艺美。实际项目中的销式连接如图7.24所示。

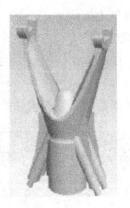

图7.24　销式连接

3）钢构件与混凝土结构的连接

（1）预埋铁件连接。

预埋铁件连接通过在钢筋混凝土构件浇筑前在构件内预埋铁件并与其内部钢筋焊接牢固，将钢与混凝土的连接问题转化为钢与钢的连接问题，实现钢构件与混凝土结构的有效连接。这种连接方式传力可靠，构造简单，适应于钢结构建筑结构件的连接，如钢柱与混凝土基础的连接、钢梁与钢筋混凝土剪力墙的连接等。根据预埋铁件的形式不同，可以分为预埋螺杆连接和预埋钢板连接。

预埋螺杆连接是指将预埋杆件的一端做成螺口,通过螺栓连接的方式与钢构件相连,如图 7.25 所示。

图 7.25 钢柱与钢筋混凝土基础的预埋螺杆连接

预埋钢板连接是指在预埋杆件的外侧焊接连接钢板,再将钢构件与连接钢板进行焊接连接,如图 7.26 所示。

图 7.26 钢梁与混凝土剪力墙的预埋钢板连接

(2)钢筋混凝土后浇连接。

在钢筋混凝土板与钢梁的连接中,可以采用在钢梁上加抗剪件,板中钢筋与抗剪件连接,再浇混凝土,形成整体。

7.3 建造安装应用案例

1. 工程概况

该项目群体由 28 幢楼组成,总建筑面积 95883m²,地上总建筑面积 84123m²,其中住宅面积 79910m²,地下总建筑面积 11760m²。其中 7 幢为住宅产业化装配式结构。PC

和PCF为1#~7#楼，共18层，层高2.93m，设有一层地下室。本项目按照"套型建筑面积90m^{2}以下，住宅面积占开发建筑总面积70%以上"标准设计，为90/70户型。

项目PC和PCF结构形式为剪力墙结构，外墙由180mm或200mm厚剪力墙和86mm厚（含面砖）PCF预制构件外墙模组合而成，预制装配式混凝土结构的竖向及水平受力均由剪力墙承担。阳台板采用预制阳台板，楼梯和空调板分别采用PC楼梯和PC空调板，吊装就位后，为建筑产品直接使用。

2. 起吊

本工程设计单件板块最大重量为2.5t，采用塔吊吊装，为防止单点起吊引起构件变形，采用钢扁担起吊就位。构件的起吊点应合理设置，保证构件能水平起吊，避免磕碰构件边角。构件起吊平稳后再匀速移动吊臂，靠近建筑物后由人工对中就位，如图7.27和图7.28所示。

图7.27 活络式钢扁担

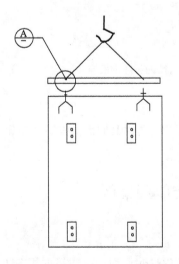 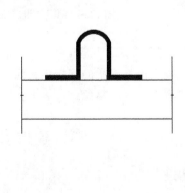

图7.28 吊装示意图

3. 预埋吊点

本工程 PC 外墙板吊点分为两种形式,其中预制墙板模(86mm)采用预埋接驳器作为吊钩;全预制墙板(161mm)采用可拆卸槽钢作为吊点形式。预制外墙模吊点详图如图 7.29 所示。

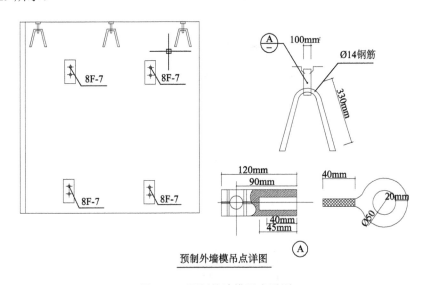

图 7.29 预制外墙模吊点详图

4. 构件安装

1) 预制墙板

(1) 预制墙板施工步骤。

①装配式构件进场、编号,按吊装流程清点数量。

②各逐块吊装的装配构件搁(放)置点清理、按标高控制线垫放硬垫块,如图 7.30 所示。

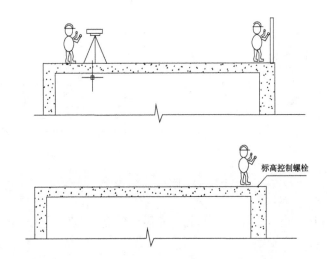

图 7.30　标高控制螺栓

③按编号和吊装流程对照轴线、墙板控制线逐块就位设置墙板与楼板限位装置，如图 7.31 所示。

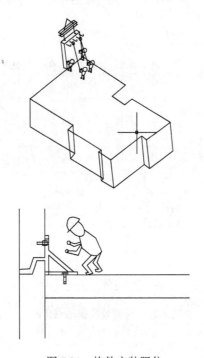

图 7.31　构件安装限位

④设置构件支撑及临时固定，调节墙板垂直尺寸，如图 7.32 所示。

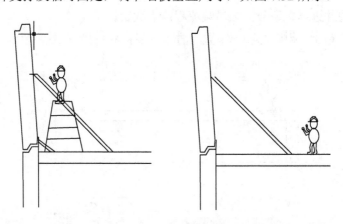

图 7.32　临时支撑固定

⑤塔吊吊点脱钩，进行下一墙板安装，并循环重复，如图 7.33 所示。

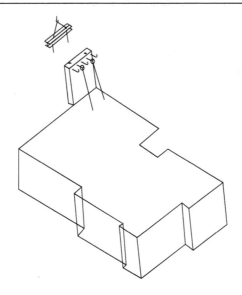

图 7.33　下一墙板安装

⑥楼层浇捣混凝土完成，混凝土强度达到设计、规范要求后，拆除构件支撑及临时固定点。

（2）预制墙板施工方法。

预制墙板的临时支撑系统由 2 组槽钢限位和 2 组斜向可调节螺杆组成。根据现场施工情况现对重量过重或悬挑构件采用 2 组水平连接两头设置和 3 组可调节螺杆均布设置，确保施工安全。

根据给定的水准标高和控制轴线引出层水平标高线、轴线，然后按水平标高线、轴线安装板下搁置件。板墙垫灰采用硬垫块软砂浆方式，即在板墙底按控制标高放置墙厚尺寸的硬垫块，然后沿板墙底铺砂浆，预制墙板一次吊装，坐落其上。

吊装就位后，采用靠尺检验挂板的垂直度，若有偏差用调节杆进行调整。

预制墙板通过可调节螺杆与现浇结构联系固定。可调节螺杆外管为 $\phi 60\mathrm{mm} \times 6\mathrm{mm}$，中间杆直径为 $\phi 45\mathrm{mm}$，材质为 45# 中碳钢，其抗拉强度按 Ⅱ 级钢计算。

预制墙板安装、固定后，再按结构层施工工序进行后一道工序施工。

2）预制阳台板

（1）预制阳台板施工步骤。

①预制阳台板进场、编号，按吊装流程清点数量。

②搭设临时固定与搁置排架。

③控制标高与预制阳台板身线。

④按编号和吊装流程逐块安装就位。

⑤塔吊吊点脱钩，进行下一预制阳台板安装，并循环重复。

⑥楼层浇捣混凝土完成，混凝土强度达到设计、规范要求后，拆除构件临时固定点与搁置的排架。

（2）预制阳台板施工方法。

预制阳台板施工前，按照设计施工图，由木工翻样绘制出预制阳台板加工图，工厂化生产按改图深化后，投入批量生产。运送至施工现场后，由塔吊吊运到楼层上铺放。

预制阳台板吊放前，先搭设预制阳台板排架，排架面铺放2×4根木板，望看水平。

预制阳台板钢筋插入梁内370mm，伸入的钢筋按设计要求，有部分需焊接。

预制阳台板安装、固定后，再按结构层施工工序进行后一道工序施工。

3）预制楼梯

（1）预制楼梯施工步骤。

①楼梯进场、编号，按各单元和楼层清点数量。

②搭设楼梯（板）支撑排架与搁置件。

③标高控制与楼梯位置线设置。

④按编号和吊装流程逐块安装就位。

⑤塔吊吊点脱钩，进行下一叠合板梯段安装，并循环重复。

⑥楼层浇捣混凝土完成，混凝土强度达到设计、规范要求后，拆除支撑排架与搁置件。

（2）预制楼梯施工方法。

预制楼梯施工前，按照设计施工图，由木工翻样绘制出加工图，工厂化生产按改图深化后，投入批量生产。运送至施工现场后，由塔吊吊运到楼层上铺放。

施工前，先搭设楼梯梁（平台板）支撑排架，按施工标高控制高度，按梯梁后楼梯（板）的顺序进行。楼梯与梯梁搁置前，先在楼梯L型内铺砂浆，采用软坐灰方式。

预制楼梯安装、固定后，再按结构层施工工序进行后一道工序施工。

第8章 建造装饰装修阶段控制技术

8.1 概 述

装饰装修工业化即实行总成装配装饰施工，即将装修装饰工程零件进行加工，把装修装饰组件在工厂进行加工和集成，进行建筑装饰装配或组装，之后运送到装修的施工现场进行整体组装安装。较传统装饰方法，总成装配装饰使分散分户采购装修变为集约化设计、集中采购、集中施工，极大地节约了成本而且能明显提高施工效率，使产品标准化，提高工程质量，节省材料，节省用地，实现节能减排，减轻对环境的污染。目前我国正在大力推进建筑工业化，装饰装修也是其中非常重要的一部分，总成装配装饰施工将逐渐推广，并得到广泛的应用。

装配式装修包括隔墙系统、强弱电管线系统、墙地面铺装系统、木制品、门窗系统、整体厨房系统、整体卫浴系统、配饰系统等几个部分，本章就装配式装修的设计、施工、验收进行详细描述并配以应用实例。

8.2 装饰装修控制要点

8.2.1 装饰装修的设计要求

建筑产业化应遵循建筑、装修一体化设计原则，即建筑图与装修图同步完成，以一套图纸贯穿土建、装饰全过程。装配式装修设计应综合考虑建筑、装修的方方面面，主要包括平面布局、给排水设计、采暖设计、电气设计、细部构造节点设计、所用装饰材料的名称、规格型号及性能指标。在进行设计时应尽量使装修设计标准化、模数化和通用化，满足构件制造工业化和安装装配化的要求。同时装修体应具备良好的可变性和适应性，便于施工安装、使用维护和维修改造。

1）材料器具的选择

设计时装饰材料的选择要优先选用绿色环保、可循环使用、可再生使用、有益于人体健康的材料，设计工程所用材料的品种、规格、质量、燃烧性能以及有害物质限量，应符合设计要求及国家现行相关标准的规定。其他设备器具的选择也应满足环保节能的要求，应选用高效节能的照明设备、节水器具，以及先进的采暖制冷设备。

2）室内环境设计要求

室内装修设计要综合全面考虑室内光环境、热环境、声环境以及空气环境等，尽可能采取有效措施，为人们提供一个健康、舒适的室内环境。首先合理选择照明设备和布置光源的位置，使其满足各功能空间要求和制造舒适的灯光效果。设置供暖设施时，应选取先进的高效节能的供暖设备，提供温暖舒适的室内环境。为了形成安静的室内环境，室内装修宜采用隔声性能良好的内门和隔墙，架空地板宜采取相应措施减少空腔层内空气传声。室内通风设计应采取自然通风与强制通风相结合的方法，并以自然通风为主。

3）功能空间及防火安全设计要求

装配式装修设计应根据使用功能、空间形态等进行空间划分，确保空间的划分合理、适用。装修设计时还应按建筑的防火等级及房间的使用要求选择合适的耐火等级的材料，如厨房的天棚、墙面、地面应采用 A 级防火材料。

4）其他设计要求

装修设计时，部品之间的连接应遵循以下原则：共用部品不应设置在专用空间内，专用部品的维修和更换不应影响共用部品的使用，时间使用年限较短的部品的维修和更换不能破坏设计使用年限较长的部品的使用。管线的敷设应满足以下要求：地暖管线应布置在架空地板上，电气管线、开关插座应设置在内隔墙架空层内，消防、通风空调应设置在天棚架空层内。

8.2.2 装饰装修的施工要点

装饰装修部品、材料、零件等的生产运输要点如第 5 章和第 6 章所述，这里不再重复，接下来主要讲装饰装修安装过程中应注意的问题。首先在建筑装饰装修工程安装施工中应注意以下几点。

（1）装修工程应建立完善的质量、安全环境管理体系，采取有效措施控制施工现场对环境造成的污染。

（2）施工人员应严格执行持证上岗制度，以此保证工程质量。

（3）装配式结构的分部工程的分户或分段验收合格后，才能进行装修施工。

（4）装修时，宜优先采用绿色环保材料。装修工程中所用材料、构配件应具备产品合格证及相关性能的检测报告，材料进场后，还应对有关材料进行复验，合格后方能使用，还应按设计要求和相应标准进行防火、防腐、防蛀处理。

（5）在装修过程中及交付使用前，应采用包裹、覆盖、贴膜等措施对地面、门窗等进行成品和半成品的保护。

墙面装饰按面层材料的不同分为以下几类：涂料饰面、墙纸类饰面、板材类饰面、玻璃类饰面、石材饰面、金属板饰面、陶瓷墙砖。现主要介绍墙纸类饰面的施工要点。墙纸类饰面装修的工艺流程如图 8.1 所示。

第 8 章 建造装饰装修阶段控制技术

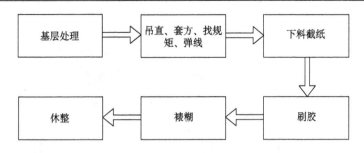

图 8.1 墙纸类饰面装修的流程图

1) 基层处理要点

在墙面安装完成、相应管道管线埋设完成并检验合格后进行墙面装修。墙面基层应平整，不得有粉化、起皮、裂缝和突出物，对于不同的基层有不同的基层处理方法。石膏板基层要在接缝处补抹石膏，干后打磨平整再贴嵌缝带，再刮大白，砂纸打平。木质基层要刮油性腻子，用砂纸打磨平整。抹灰层的处理也是刮腻子，然后用砂纸打平。基层处理好后，经过干燥，木材基层含水率不大于 12%，其他基层含水率不高于 8%，方可进入下一步工序。

2) 下料截纸要点

首先应对墙面吊直、套方、找规矩、弹线，精确测量墙面及划分板块的尺寸，然后按相应尺寸下料截纸。工程中所使用的壁纸壁布的种类、规格、燃烧性能等级必须符合设计要求和国家现行的有关规定。裁剪壁纸前，应确定好每面墙需要哪几张壁纸，为了避免失误，应对裁剪好的壁纸进行编号，裱糊时按编号顺序粘贴。裁剪时不对花壁纸依墙面高度加裁 5~8cm 长度，作为上下修边用；需要对花的壁纸要看一下图案单元格的大小，估算对花需要预留的尺寸，确定好每张壁纸的长度。

3) 裱糊要点

墙纸类饰面施工的重点就是裱糊，它直接影响着全面的装饰质量。不同材料的壁纸裱糊时有不同的要求。聚氯乙烯塑料壁纸在裱糊前应先将壁纸用水浸润数分钟，裱糊时在基层表面涂刷胶黏剂，注意顶棚裱糊时基层、壁纸背面都应涂刷胶黏剂。若为复合壁纸则不能浸水，裱糊前先在壁纸背面涂刷胶黏剂，放置数分钟，等裱糊时，还需在基层表面涂刷胶黏剂。对于带背胶的壁纸，裱糊前应在水中浸泡数分钟，裱糊墙壁不需再刷胶黏剂，裱糊顶棚需刷一层稀释的胶黏剂。注意胶黏剂应满足建筑物的防火要求，避免高温时失去黏结力使壁纸脱落，引起火灾。刷胶时要全面、均匀、不起堆，以防溢出，弄脏壁纸。注意不能刷胶后立即上墙，一般从刷胶到上墙控制在 5~7 分钟为宜。

墙面裱糊时，应遵循先垂直面后水平面，先细部后大面，先保证垂直后对花拼缝，垂直面是先上后下，先长墙面后短墙面，水平面是先高后低，阴角处接缝应搭接，阳角处应包角不得有接缝的原则。裱糊时遇到开关插座，要将它拆下，以盒中心为交点开对缝，贴完后再安上开关插座，具体做法如图 8.2 所示。裱糊完成后对其进行修整，将壁纸压平，切掉毛边。在裱糊过程中及干燥前，应防止大风劲吹和温度的突然变化。

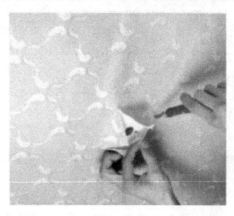

图 8.2　开关插座处的处理

4）质量要求

裱糊后壁纸表面应平整，拼接花纹图案应吻合，不离缝不搭接，不显接缝；粘贴牢固，不得有漏贴、补贴、脱层、空鼓和翘边；裱糊后的壁纸应色泽一致，不得有波纹起伏、气泡、裂缝、皱褶及污迹，斜视时应无胶痕；壁纸与各种装饰线、设备线盒应交接严密，壁纸边缘应平直整齐，不得有纸毛、飞刺；壁纸阴角处搭接应顺光。

8.2.3　装饰装修验收

1）防火安全验收

装修工程防火安全验收应符合以下要求。

（1）防火技术资料应完整。

（2）装修材料、配件、部品的取样检验结果应满足设计要求。

（3）现场进行阻燃处理、喷涂、安装作业的抽样检验结果应符合设计要求。

（4）隐蔽工程施工过程及完工后抽样检验结果应符合设计要求。

当装修施工安装的有关资料经审查全部合格、施工过程全部符合要求、现场检查或抽样检测结果全部合格时，防火安全验收应为合格。

建设单位应建立建筑内部装修工程防火施工及验收档案。档案应包括防火施工及验收全过程的有关文件和记录。

2）室内环境验收

装修工程完工 7 天后，在交付使用前应对功能区间进行室内环境质量检测，室内环境污染物氡（222Rn）、甲醛、苯、氨、总挥发性有机物 Volatile Organic Compound（简称 TVOC）等浓度限量应符合表 8.1 的要求，检验方法和点数应符合现行国家标准《民用建筑工程室内环境污染控制规范（2013 版）》（GB 50325—2010）的相关规定。

表 8.1　室内环境污染物浓度限值

序号	室内环境污染物	Ⅰ类民用建筑	Ⅱ类民用建筑
1	氡/（Bq/m^3）	≤200	≤400
2	游离甲醛/（mg/m^3）	≤0.08	≤0.12
3	苯/（mg/m^3）	≤0.09	≤0.09
4	氨/（mg/m^3）	≤0.20	≤0.50
5	总挥发性有机物（TVOC）/（mg/m^3）	≤0.50	≤0.60

当被抽检室内环境污染物浓度的全部检测结果符合要求时，可判定室内环境质量合格。被抽检住宅室内环境污染物浓度检测不合格的，必须进行整改。再次检测时，检测数量增加 1 倍，并应包含原不合格房间及其同类型房间，再次检测结果全部符合要求时，可判定室内环境质量合格。

8.3　装饰装修应用案例

1. 工程概况

该工程为一个工业化住宅项目，是针对年轻人群的工业化试点楼。由于采用了工业化生产技术，实现了建筑设计、装修设计、部品设计流程控制的一体化。本项目为一栋 12 层的住宅楼，共 209 套公寓。全部实现装配式装修，极大地缩短了建设工期，且装饰装修质量得到了保障，节省装修材料，减轻装饰装修对环境造成的污染破坏。下面就该工程中所使用的一些工业化装修进行详细介绍。

2. 快装轻质隔墙安装

工艺流程：放线→安装顶地及边框龙骨→安装竖向龙骨→安装石膏罩面板→接缝施工→面层找平。

首先按设计图纸，在已做好的地面或地枕上放出隔墙位置、宽度线、门洞口边框线、及顶龙骨位置边线，如图 8.3 所示。然后按放好的位置线，安装沿顶和沿地龙骨及边框龙骨，用射钉固定在主体上或采用结构密封胶黏接，并用膨胀螺丝固定，如图 8.4 所示。

接下来安装竖向龙骨，竖向龙骨安装于天地龙骨槽内，门、窗口位置应采用双排竖向龙骨；竖向龙骨两侧安装横向龙骨，每侧横向龙骨不应少于 5 排，如图 8.5 所示。紧接着是安装石膏罩面板，从门洞处开始，无门洞口的墙体由墙的一端开始，将石膏板用螺钉固定在龙骨上，如图 8.6 所示。

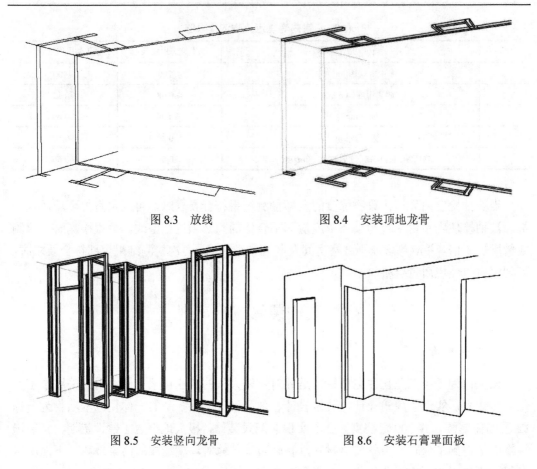

图 8.3 放线 　　　　图 8.4 安装顶地龙骨

图 8.5 安装竖向龙骨 　　　　图 8.6 安装石膏罩面板

然后用嵌缝腻子将石膏板间的缝隙填补均匀密实，在缝隙处贴上纸面接缝带，最后用找平腻子对墙面找平，如图 8.7 所示。

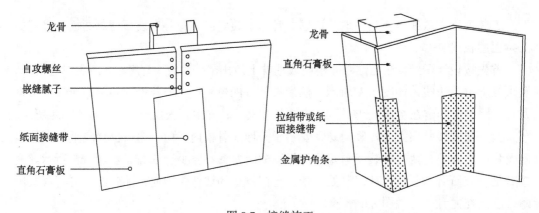

图 8.7 接缝施工

隔墙安装施工还应注意以下几点。
（1）壁挂空调、电视等安装位置按相应设计要求进行加固。
（2）隔墙内水电管路铺设完毕、固定牢固且经隐蔽验收合格后，填充 50mm 厚岩棉。

（3）卫生间隔墙应设 250mm 高防水坝，防水坝采用 8mm 厚无石棉硅酸钙板。防水坝与结构地面相接处，应用聚合物砂浆抹八字角。

（4）卫生间隔墙内聚乙烯（Polyethylene，简称 PE）防水防潮隔膜应沿卫生间墙面横向铺贴，上部铺设至结构顶板，底部与防水坝表面防水层搭接不小于 100mm，并采用聚氨酯弹性胶黏接严密，形成整体防水防潮层。

（5）卫生间隔墙内侧安装横向龙骨时，自攻螺丝穿过 PE 防水防潮隔膜处，应在自攻螺丝外套硅胶密封垫，将 PE 防水防潮隔膜压严实。

3. 快装采暖地面安装

该工程采用快装采暖地面，安装方便快捷，具体的施工工程如下：只布置可调节地脚组件，在边支撑龙骨与可调节地脚组件上架设地暖模块，可调节地脚组件与地暖模块用自攻螺丝连接牢固。地暖模块铺设间隙为 10mm，并用聚氨酯发泡胶填充严实。接着将地暖加热管敷设于地暖模块的沟槽内，注意地暖加热管不应有接头，同时不得突出于地暖模块表面，施工时还应控制好环境温度，否则会影响管材的弯度。地暖加热管敷设完成后进行隐蔽验收，验收合格后带压铺贴第一层平衡层，铺贴完成检查地暖加热管无渗漏后方可泄压。第二层平衡层应与第一层平衡层水平垂直铺贴。具体的结构图如图 8.8 所示。

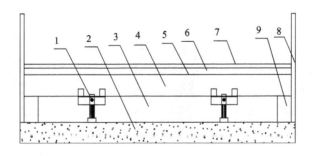

图 8.8 其他房间采暖地面做法

1-可调节地脚组件；2-结构楼板；3-架空层；4-地暖模块；5-De16×2mmPE-RT 管，阀距 150mm；
6-平衡层；7-饰面层；8-墙面；9-边支撑龙骨

首先按设计图纸完成架空层内管线敷设且经隐蔽验收合格。然后将地面面层清理干净，按设计图纸，沿墙弹出地面的标高控制线，按弹线位置固定边支撑龙骨，龙骨用膨胀螺丝固定，底部用三角垫片垫实。

卫生间和开敞阳台的采暖地面除了上述施工过程还要做防水处理。首先，卫生间地面在安装模块化快装采暖地面前，先在阴阳角、管根、地漏、排水口及设备根部做附加层，夹铺胎体增强材料，应涂刷聚合物水泥防水涂料。然后，在大面积施工前，对基层进行清理，使基层坚实平整、无浮浆、无起砂、裂缝现象。最后，均匀涂刷防水涂料，防水涂料沿墙面四周刷至 250mm 高，在门口处水平延展，且向外延展长度超过 500mm，

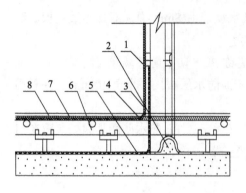

图 8.9 卫生间采暖地面做法

1-250mm 高防水坝；2-止水门槛；3-PE 防水防潮隔膜；
4-PVC 防水层；5-聚合物水泥防水层；6-地暖模块；
7-平衡层；8-饰面层（涂装板）

向两侧延展宽度不小于 200mm。接着进行卫生间地暖模块的安装，安装完成后再做 PVC 防水层，PVC 防水层从排水管根延伸至管口处，且卷入管口不少于 10mm。卫生间地面结构图如图 8.9 所示。

4. 整体卫浴安装

该工程采用装配式装修，省时、省地、节能环保。该工程缩短施工周期 42%，采用一体化设计，节省 30%的设计整改及验收时间。每户节省水泥 2t，砂浆 4m³，水 2t，腻子 20%，现场零垃圾堆放。同时有效提高得房率 7%。下面详细介绍该工程中所使用的整体卫浴安装。

整体卫浴主要由防水盘、壁板、顶板、卫浴门、内部件（洗面台、坐便器、镜子等）组成，属于干式施工。现场作业简便，连接件组装一步到位，施工效率高。使用整体设计，空间布局合理，且采用防水盘，永不漏水，解决了卫生间防水的一大难题。内部转角处采用圆弧设计，无缝隙，无死角，易于清洗。整体卫浴施工的流程如图 8.10 所示。

1.确认安装尺寸位置
2.墨线放样
3.防水盘水平调整

4.壁板组装

5.安装整体门

6.台面、浴缸、器具安装一天工时完成

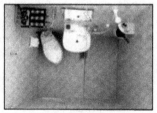

7.安装完成

图 8.10 整体卫浴施工流程图

第9章 建造使用维护阶段控制技术

9.1 概 述

建筑使用维护管理是指建筑在竣工验收完成并投入使用后,整合建筑内人员、设施及技术等关键资源,通过运营充分提高建筑的使用率,降低它的经营成本,增加投资收益,并通过维护尽可能延长建筑的使用周期而进行的综合管理。它包含多方面的内容,具体如图9.1所示。

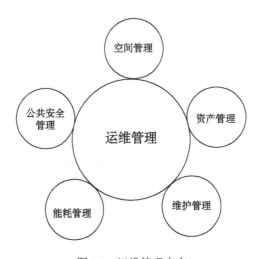

图9.1 运维管理内容

使用维护管理是建筑工程管理水平的重要体现,也是确保建筑工程质量的重要途径。建造使用维护在很大程度上已经成为建筑工程领域寻求持续长足发展的关键元素。因此,建筑工程的后期使用维护工作非常必要。建筑与人民生活息息相关,随着建筑工业化水平不断提升,人们对预制建筑物的使用维护越来越重视,这是因为使用维护对建筑行业有以下几个重要意义。

(1) 使用维护是节约材料的必要途径。

预制装配式建筑具有建筑速度快、施工过程简单、施工现场垃圾废料少等优点。构件经工厂预制到现场安装,使用维护工作是保障其工程质量的重要途径,如果在施工后期不及时进行维护,等日后出现问题再进行大规模维护,就会产生大量的原材料浪费,并且不能充分发挥建筑材料的功能,造成资源浪费。因此,后期维护对节约原材料具有重要意义。

(2) 良好的使用维护是实现建筑功能的重要保障。

在建筑主体施工完毕后,建筑物并不能马上发挥其建筑功能,必须等到后期养护完成,结构强度达到设计标准时,才能交付甲方使用。虽然装配式建筑不用大规模现浇混凝土,但是节点处的混凝土必须及时养护直至达到设计强度。良好的使用维护是保障施工工期与质量的关键。后期维护工体做得及时到位,建筑工程的基本功能才能确保实现。只有建筑工程的基本功能实现了,公众才能真正受益,建筑工程的整体目标才能落实。

(3) 使用维护技术是检验施工单位资质的重要指南。

建筑工程使用维护工作是建筑工程整体管理的一项重要内容。因此,建筑工程整体管理水平在某种意义上需要通过后期维护工作来体现。若后期维护工作及时快捷,则说明工程的整体运转能力、整体管理能力都具备了一定高度,也为部门工作的顺畅开展打下了良好的基础,为后期维护部门的形象加分,也为后期维护经验的积累提供了机会。

9.2 使用维护控制原则

使用维护工作是整个建筑工程的重要组成部分,且在施工过程中存在各种各样的问题,如施工环节问题频出,为使用维护制造了麻烦,工作人员职业素质不高,不重视后期维护工作等,所以应该严格管理后期维护工作。使用维护工作主要遵循以下几个原则。

(1) 安全施工原则。

安全生产不仅是施工工期的重要保障,更是施工从业人员生命财产安全的保障,只有安全的生产环境,才能让工人团结一致,提高生产效率与质量。建筑工程一旦落成,使用维护工作才能有所保障,才能有理有据地开展,避免过多的无用功。安全生产响应了《中华人民共和国安全生产法》的安全生产管理基本方针——"安全第一、预防为主、综合治理"。

(2) 维护工作落实到每个细节。

预制装配式建筑的使用维护工作主要在构件连接处,某些细节可能被遗漏,造成养护不到位,影响工程质量。建筑的设计原则"强柱弱梁,强节点弱构件"正是强调了节点的重要性。

(3) 建立完善的使用维护管理体系。

完善的维护管理体系是进行维护管理工作的前提,因此,要做好使用维护管理工作必须拥有使用维护管理系统。首先使用维护管理应配备专门的管理人员,而不是简单的物业管理人员;其次要拥有信息数据监测系统,实时监测设备设施等的运行状态,出现问题时及时处理。

9.3 使用维护控制要点

9.3.1 设计施工阶段控制要点

1）收集整理信息

建筑运营维护阶段的控制管理是整个项目的一个重要组成部分。它并不是从建筑交付使用后才开始实行的，而是一个贯穿项目全寿命周期的管理任务。管理科学化是建筑工业化生产的重要保证，而信息就是科学化管理模式的载体。建筑使用维护阶段的管理主要依托于前期设计施工等产生的大量信息，建筑中的每个构件、材料、设备在设计、制造、安装以及使用维护过程中都会产生大量的信息。这些信息将作为后期使用维护管理的重要依据，因此，设计施工阶段主要的任务就是建立信息收集平台，收集整理信息。

（1）各类材料、设备的型号、生产厂家信息、构件的位置与尺寸等参数信息，以及管线的布局、建筑三维几何信息等数据收集要全面，避免缺项漏项。

（2）在设计施工中常常会出现材料、设备更新替换的情况，要及时做好最新数据的采集与更新。

（3）收集到的数据要进行归类整理，方便查找使用。

（4）对工作人员做好培训，发生信息变更时有权限更改的要及时更改，无权限更改的要及时上报。

（5）做好各参与方即设计、施工、构件生产方、业主之间的信息交流共享。

2）把控设计施工质量

合理的设计以及优质的施工是使用维护管理的基础。只有生产出合格的产品，才能减轻运营维护阶段的负担。建筑产业化在我国还处于初步发展阶段，在设计、关键技术等方面还有待进一步提高。但在施工质量的把控上一定要做到严标准高要求，这样才能将建筑产业化的优势凸显出来，推动其向前发展。由于建筑产业化，大量构件实现了工厂化生产，产品质量得到了大幅提升，但在各构件的连接、各节点处仍采用现场施工，因此这些节点处的施工质量将直接影响整个建筑的质量。

（1）建筑产业化正处于高速发展期，无论是设计还是施工，都要注意关注行业最新发展动态，跟上发展的步伐，采用最新、最有效、最安全的设计以及施工方案。

（2）在设计施工中要具有创新意识，要在工作中发现问题、解决问题，推动建筑产业化的发展。

（3）建筑产业化的施工不同于传统建筑的施工，要对施工人员进行培训，选取优秀的施工人员，以保证施工质量。

（4）施工中用到的原材料、构配件等必须经过合格性检验后方能用于项目中。

9.3.2 使用维护阶段控制要点

使用维护是一项长期的工作，是全建筑信息的统筹运营、全寿命周期的管理，使用维护管理的好坏直接决定了建筑的使用性能以及建筑的使用年限，因此，在整个建筑业向环保、可持续发展转变的过程中，使用维护管理也起着至关重要的作用。使用维护管理主要是通过对建筑使用过程中各设备构件使用状态信息数据的采集，来判断它的运行状态，进而由专业人员进行管理维护，做到防患于未然。具体的使用维护管理体系如图9.2所示。

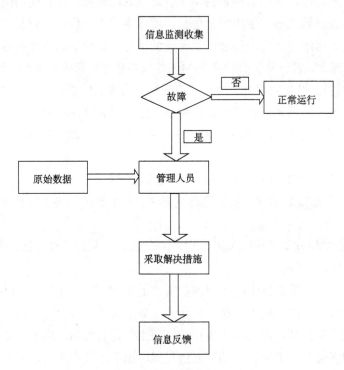

图9.2 使用维护管理体系

1）智能化

建筑产业化的发展应与绿色节能以及智能化相结合，在使用维护管理阶段利用相应的软件设备对各设备能耗、运行状况进行检测，出现异常及时做出提示，做出相应维护，将损失降到最低。

2）专人管理

建筑的使用维护管理除了需要智能化的监测系统，还需要配备专业的人员进行管理，使整个使用维护管理过程成为高效、科学化管理，提升管理水平。

（1）定期对管理人员进行培训，确保管理团队的高质量服务。

（2）管理做到实时化，避免管理人员不重视、擅离职守而加大损失。

（3）注意吸纳更有效的、更合理的管理方法和管理理论，不断提升管理水平。

（4）管理人员做好与业主、设计、施工以及原材料供应方的交流沟通，配合设计、施工方改进设计、改善施工工艺方法，协助原材料供应方材料的改进和研发。

3）建立统一的售后服务系统

首先，联合住宅原材料的供应部门建立住宅部品及零配件的全国统一配送网络，通过设置连锁店的形式保证产品的通用性和质量要求，使产品方便易得；其次，通过严格的上岗培训，组织具有相当专业技能的住宅建筑维护人员进行住宅使用过程中的科学维护，提高住宅使用效率，延长住宅使用周期。

4）信息反馈

一方面，建筑运营管理通过科学化的管理来使建筑更好地发挥其使用功能以及延长使用寿命；另一方面，使用维护管理还是指导设计施工的依据。因此，建筑使用维护部门应与设计部门及施工部门合作研究，将使用维护过程中出现的问题进行反馈，分析建筑的维护信息，共同设计寻找解决方案，争取从设计和施工环节解决维护部门将遇到的问题，通过动态反馈机制进一步提高建筑性能，保证建筑的安全性和稳定性，从而推动整个行业的发展与进步。

9.4 使用维护管理应用案例

1. IBMS 的应用

IBMS（Intelligent Building Management System）是一个智能化集成管理系统，它以标准化网络为基础、以楼宇设备管理系统为核心，形成一个使用维护管理平台。通过统一的软件平台对建筑物内的设备进行自动控制和管理。系统集成了 BA（楼宇自动化）、FA（消防自动化）、SA（安保自动化）等子系统的信息，实现对大楼内被集成的各子系统进行监视、控制和综合管理，并实现整个大楼信息资源的共享。IBMS 结构图如图 9.3 所示。

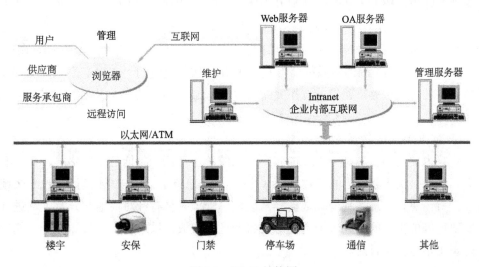

图 9.3 IBMS 结构图

武汉体育中心通过 IBMS 的集成管理，实现对建筑内空调、给排水、供电、防火等设备的综合监控和管理，使建筑处于高效率、低能耗正常运营的状态，同时为使用者提供一个安全、舒适的环境。

2. IBMS 与 BIM 的结合

1）BIM 用于空间定位

IBMS 楼宇自控系统包括照明系统、空调系统等。而 BIM 模型的特点是以三维模型的形式表现，从中可以直观地查看各设备构件的位置分布，使建筑使用者或业主对于这些设施设备的定位管理成为可能。业主或使用维护管理人员可以直接通过 BIM 这一三维电子地图精确定位有异常或待处理的位置，如消防系统的消火栓安放位置、视频监控摄像头的位置、停车库的出入口、门禁的位置等。BIM 和 IBMS 的融合能有效地提高管理水平。

2）BIM 用于设备维护

BIM 模型的非几何信息在施工过程中不断得到补充，竣工后集成到 IBMS 的数据库中，相关设备的信息如生产日期、生产厂商、可使用年限等都可以查询到，不需要花额外的时间对设备的原始资料与采购合同进行翻找（有时可能找不到），为设备的定期维护和更换提供依据；另外，设备的大小、体积及放置信息作为模型的关联信息也存储在模型数据库中，在对建筑物进行 IBMS 相关子系统的改造中，不用进行多次的现场勘查，依据 BIM 中这些信息就可制订实施方案。

3）BIM 模型用于灾害疏散

现代建筑物的功能多，结构相应复杂。建筑内部突发灾害时，及时采取有效的措施能减少人员伤亡，降低经济损失。BIM 模型汇集了建筑施工智能建筑 (intelligent building) 过程的信息，包括安全出入口的位置、建筑内各个部分的连通性、应对突发事件的应急设施设备所在等。因此当建筑内部突发灾害时，BIM 模型协同 IBMS 的其他子系统为人员疏散提供及时有效的信息。BIM 模型的三维可视化特点及 BIM 模型中的建筑结构和构件的关联信息可以为人员疏散路线的制订提供依据，保证在有限的时间内快速疏散人员。例如，火灾时，IBMS 的消防系统可以发挥作用，BIM 模型的"空间定位"特性可以提供消防设备的对应位置，建筑的自控系统可以根据 BIM 模型定位灾害地点的安全出口，以引导人员逃生。

4）BIM 信息用于能耗管理

在建筑内的现场设备是 IBMS 的各个子系统的信息源，包括各类传感器、探测器、仪表等。从这些设备获取的能耗数据（水、电、燃气等），依靠 BIM 模型可按照区域进行统计分析，更直观地发现能耗数据异常区域，管理人员有针对性地对异常区域进行检查，发现可能的事故隐患或者调整能源设备的运行参数，以达到排除故障、降低能耗、维持建筑正常运行的目的。

第10章 建筑工业化建造基地建设

10.1 概　　述

在基地建设的过程中，不仅要明确住宅产业化基地的意义和基地的架构组成，还要依据经济学的原理建立住宅产业化基地产能规模决策模型，对基地未来的产能规模做出具体的参考。同时，还要正确处理基地建设过程中的结构体系、土地选择、生产工艺等问题，善于发现基地建设遇到的困难和误区并提出解决的具体办法。

（1）鼓励房地产龙头建立产业化集团联盟，可以集中人才、技术、资金、设备等众多资源优势研发符合住宅产业化要求的标准化和模数化住宅建造体系，有助于突破技术难关，完善产业链的结构优化调整，促进建筑业走高效益、低能耗、少污染的可持续发展道路。

（2）产业化基地接收建设单位的住宅部品构件生产订单，在使用标准化模数的基础上，完成部品构件的大批量生产和养护，再将部品交付给建设单位，既可提高部品质量，又可实现规模化生产，降低构件的生产成本，提高房地产企业推广住宅产业化的积极性。

（3）选择合适的城市开展产业化基地试点，有助于推进住宅产业化的经济、技术政策研究，进一步探索住宅产业化的激励机制和政策措施，以点带面地建立符合地方特色的住宅产业发展模式。

（4）加强产业化基地的研发成果在住宅建设项目中的推广应用，有助于提高住宅建设过程的科技转化率，促进"科研、生产、推广"三个环节相辅相成的市场推进机制的形成。

10.2 基 地 选 址

10.2.1 选址原则及影响因素

1. 选址原则

选址作为基地建设的关键问题，涉及众多影响因素的不确定性组合，所以基地选址是一个复杂的过程。既要考虑到选择的厂址是否符合国家法律法规，又要使选择的厂址项目符合城市或地区的发展规划，此外还要兼顾土地成本、基础设施、交通运输、地质条件、环境保护等各方面的因素。考虑到不同因素量化的方式各异，故只能进行定性研究。选址需遵循的原则如图10.1所示。

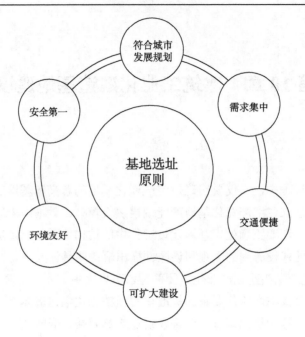

图 10.1　基地选址原则

1）符合城市发展规划

城市的经济发展趋势、建筑发展格局、土地开发、商业活动等内容，都依托于城市未来发展规划。基地的选址作为一种经济活动，也要符合所在城市或地区发展规划的要求，只有拥有合理的产业布局，才能最大程度地为社会发展作贡献，带动周边繁荣。

2）需求集中

有需求才能有发展，所以基地厂址的选择应该建设在尽可能靠近需求市场的地点。如建筑产业园区的选址应该靠近建筑需求区域，商业地产的选址应该靠近居民区，物流中心的选址也应该靠近物流服务需求点。拥有需求的市场导向，设施的建设和发展才能有最大的经济利益及社会效益。

3）交通便捷

有些设施如建筑产业园区、住宅产业化基地、建材预制场、火电站等，其日常经营运作都需要大量的原材料和产品的运输，这对交通运输的便捷度提出了较高的要求。基地的选址靠近交通主干线附近，可以极大地方便材料资源的获取以及生产部品的运输，对于降低设施的经营成本具有较大的经济意义。

4）可扩大建设

一般情况下，大型设施的建设都伴随着长期的规划过程，即使是小型设施的建设也不可能一蹴而就，也会伴随着自身发展的需要和社会需求的扩大而选择扩建。

5）环境友好

保护环境已经不仅仅是一项基本国策，更是与社会进步、经济发展和人民生活等息息相关的大事。基地选址建设作为工业化生产方式实施的重要经济活动，也要遵循环境友好原则,把保护环境作为首要的出发点。这里的环境既指自然环境又指社会环境,设施的选址既要减少对自然环境的污染破坏,又要防止噪声扰民等情况发生。所以设施选址应远离饮用性水源,避免污染饮用水,同时应远离居民点,避免施工噪声扰民。

6)安全第一

产业化基地的选址还要有安全性方面的考虑。此处的安全性主要指地质条件的安全性,选定的厂址要远离地震多发带、软弱土层等地区,保障设施建设的安全,延长拟建基地的服务年限。

2. 影响因素

通过对以上选址原则的分析,可以总结出基地选址的一般性影响因素可以分为社会因素、经济因素、自然因素等三个方面。

1)社会因素

基地建设目的都是为社会发展服务,因此,大基地的选址会受到来自社会各方面因素的影响。影响基地选址的主要社会因素包括国家政策法规、政府支持度、城市发展规划、基础设施配套、居民区分布等。

2)经济因素

住宅产业化基地、建筑园区、火电站、商业地产、物流中心等大型设施的建设和运营都是重要的经济活动,建设成本和日常运营成本对设施的发展具有重要影响。影响基地选址的主要经济因素包括综合土地成本、交通状况、需求分布情况、竞争状况等。

3)自然因素

选址除考虑社会因素和经济因素的影响外,还要符合可持续发展和安全性要求,因此也会受到自然因素的影响。这些自然因素主要包括设施周边的扩建土地储备、环境影响、工程地质条件、地形地貌状况等。

10.2.2 选址的常用模型

选址问题按照不同的分类标准,也会有不同的选址类型。例如,按照决策变量的连续性,选址可分为连续型选址和离散型选址;按照数量的多少,选址可以分为单目标设施选址和多目标设施选址;按照时间维度,选址可以分为静态选址和动态选址;此外,还可以根据数据类型和建造用途等因素,对选址的类型进行划分。

连续型选址的决策变量在一个平面内的取值是连续的,具有决策变量取值任意性和度量距离形式选取任意性的特点,即直线距离、欧氏距离和模距离都可用于连续型选址问题的距离度量中。韦伯问题(Weber Problem,WP)是最早的连续型选址问题,问题的描述如下:已知 n 个需求点的坐标 $(a_i, b_i)(i \in I)$,考虑距离的权重后,要求基地的选址坐标 $(x, y) \in R \times R$ 能够满足所有需求点到该设施的加权距离之和最小,数学模型为

$$\text{WP} = \min \sum_{i \in I} w_i d_i(x, y) \tag{10.1}$$

其中，$d_i(x,y) = \sqrt{(x-a_i)^2 + (y-b_i)^2}$；$I$ 为决策变量集；w_i 为需求点 i 的权重。

以上模型适用于求解单个设施选址，是典型的单目标静态选址问题。如果要选择 m 个设施，即 $1 < m < I$ 且 $m < n$，这 m 个设施要同时满足 n 个需求点的要求，则问题扩展为多元韦伯问题 Multi-Service Transfer Platform（简称 MSWP），即 NP-Hard 的问题。

与连续型选址问题不同，在离散型选址问题中，设施选址点取值是离散的。离散型选址比较复杂，在实际研究中，这些设施点和需求点通常被处理成网络节点，然后利用网络连接线（交通线等）进行连接。离散型选址更符合实际情况，可将离散型选址问题分成中值问题、覆盖问题、中心问题、动态选址问题、多目标选址问题与网络中心选址问题等细化类型，其中中值问题、覆盖问题和中心问题是其他细化类型的研究基础，同时伴随的研究水平也最成熟，接下来将对这三类问题做重点介绍。

1. P-中值问题

P-中值问题可用来解决所有需求点到设施点的平均权重距离最短的问题。根据设施数目 n 的不同，中值问题可分为单中值问题（$n=1$）和多中值问题（$n \geq 2$）。利用整数线性规划法将 P-中值问题进行如下描述：

$w_i d_{ij}$：i 节点与 j 节点之间的加权距离

$$y_i = \begin{cases} 1, & \text{节点}j\text{是设施备选点} \\ 0, & \text{节点}j\text{不是设施备选点} \end{cases}$$

$$x_{ij} = \begin{cases} 1, & j\text{为需求节点}i\text{提供服务} \\ 0, & j\text{不为需求节点}i\text{提供服务} \end{cases}$$

模型的目标函数与约束条件为

$$Z = \min \sum_{i \in I} \sum_{j \in J} (w_i d_i) x_{ij} \tag{10.2}$$

$$\text{s.t.} \sum_{j \in J} x_{ij} = 1, \quad \forall i \in I \tag{10.3}$$

$$x_{ij} - y_i \leq 0, \quad \forall i \in I, \forall j \in J \tag{10.4}$$

$$\sum_{j \in J} y_i = n \tag{10.5}$$

$$x_{ij}, y_i \in \{0,1\}, \quad \forall i \in I, \forall j \in J \tag{10.6}$$

其中，模型中的目标函数式（10.2）表示求解需求节点与设施节点的加权距离和的最小值；约束条件式（10.3）用于保证所有需求均被满足；约束条件式（10.4）用于保证设施布置的必须性；约束条件式（10.5）用于限制设施的数量为 n；约束条件式（10.6）用于保证决策变量是 x_{ij} 和 y_i 是（0,1）整数变量。

P-中值理论建立之初，一般把研究中的系统变量假定为确定值，如需求点的需求量、运输成本等，但这一假设通常与现实不相符。随后为研究随机需求和运输成本等系统变量对模型的影响,P-中值理论的不确定模型逐渐衍生出概率模型、站队模型和情境模型等类型。P-中值问题对于模拟公共场所和仓库等类型设施的选址具有极高的有效性。

2. 覆盖问题

现实生活中有一些特殊的设施选址对服务时间具有较高要求,例如急救中心和消防中心等公共应急设施,要求在特定的最短时间内到达需求点,因此这类设施的选址需要划定一定的服务覆盖范围,解决此类问题必须用到覆盖模型。根据覆盖价值的不同,覆盖问题又可细分为集合覆盖问题和最大覆盖问题。

1) 集合覆盖问题

集合覆盖问题 Location Set Covering problem(简称 LSCP)用于在给定时间(或距离)条件下求解满足所有需求的设施最小建造投资,也可以理解为当设施的建设投资相同时,求解满足所有需求的设施最少数量。假设设施 j 的投资为 c_j 且每个设施备选点的投资成本不同,则 LSCP 的模型描述如下:

$$x_i = \begin{cases} 1, & \text{选择}j\text{点为设施备选点} \\ 0, & \text{不选择}j\text{点为设施备选点} \end{cases}$$

$$N_i = \{j / d_{ij} \leqslant D\} \cup \{j / t_{ij} \leqslant T\}$$

模型的目标函数与约束条件为

$$Z = \min \sum_{j \in J} c_j x_j \tag{10.7}$$

$$\text{s.t.} \sum_{j \in J} x_j = 1, \quad \forall i \in I \tag{10.8}$$

$$x_j \in \{0,1\}, \quad \forall j \in J \tag{10.9}$$

其中,模型中的目标函数式(10.7)表示求解设施节点的建设投资的最小值;约束条件式(10.8)用于保证所有需求被满足;约束条件式(10.9)用于保证决策变量 x_j 是式(0,1)整数变量;N_i 表示满足覆盖要求的所有设施备选点的集合。

2) 最大覆盖问题

最大覆盖问题(Maximum Covering Location,即 MCLP)可解决投资预算限制导致设施点无法覆盖全部需求点的矛盾,是对 LSCP 模型提出的扩展模型。从另一角度理解,MCLP 模型解决的是在投入与距离受限情况下,实现设施覆盖价值最大化的问题。MCLP 的模型描述如下:

$$y_i = \begin{cases} 1, & \text{选择}j\text{点为备选点} \\ 0, & \text{不选择}j\text{点为备选点} \end{cases}$$

$$x_i = \begin{cases} 1, & \text{需求点}i\text{能够被覆盖} \\ 0, & \text{需求点}i\text{不能被覆盖} \end{cases}$$

$$N_i = \{j / d_{ij} \leqslant D\} \cup \{j / t_{ij} \leqslant T\}$$

模型的目标函数与约束条件为

$$Z = \max \sum_{j \in J} w_j x_j \quad (10.10)$$

$$\text{s.t.} \sum_{j \in N_i} y_j - x_i \geq 0; \quad \forall i \in I \quad (10.11)$$

$$\sum_{j \in J} y_j = n \quad (10.12)$$

$$x_i, y_j \in \{0,1\}, \quad \forall i \in I, \forall j \in J \quad (10.13)$$

其中，模型中的目标函数式（10.10）表示求解设施点覆盖价值总和的最大化；约束条件式（10.11）用于保证选定的设施满足覆盖要求；约束条件式（10.12）用于限制设施的数量为 n；约束条件式（10.13）用于保证决策变量 x_i 和 y_j 是（0,1）整数变量；N_i 表示满足覆盖要求的所有设施备选点的集合。

3. P-中心模型

P-中心模型主要针对 P-中心问题而建，其中 P-中心问题是指在现实生活中，设施的服务距离往往需要考虑边缘地区的需求，为提高设施的服务效率、降低服务成本，需要解决服务设施到边缘需求点的最大加权距离最小化的问题。

P-中心问题是典型的"最大最小问题"，通常根据设施数量的不同可分为单中值问题（$n=1$）和多中值问题（$n \geq 2$）。在一个由节点和弧线组成的网络中，若设施的位置只能选择网络节点，则称为极点中心问题；若设施即可设在节点上，也可设在节点的弧上，则称为绝对中心问题。相比而言，后者的解比前者较好，但模型较复杂，有时会给问题的求解带来不便，故在实际的应用过程中，极点中心问题的应用更加广泛。相应的模型描述如下：

$$y_i = \begin{cases} 1, & \text{节点}j\text{是设施备选点} \\ 0, & \text{节点}j\text{不是设施备选点} \end{cases}$$

$$x_{ij} = \begin{cases} 1, & j\text{为需求节点}i\text{提供服务} \\ 0, & j\text{不为需求节点}i\text{提供服务} \end{cases}$$

模型的目标函数与约束条件为

$$Z = \min D \quad (10.14)$$

$$\text{s.t.} \, D - \sum_{j \in J} d_{ij} x_{ij} \geq 0, \quad \forall i \in I \quad (10.15)$$

$$\sum_{j \in J} x_{ij} = 1, \quad \forall i \in I \quad (10.16)$$

$$x_{ij} - y_i \leq 0, \quad \forall i \in I; \forall j \in J \quad (10.17)$$

$$\sum_{j \in J} y_i = n \quad (10.18)$$

$$x_{ij}, y_i \in \{0,1\}, \quad \forall i \in I; \forall j \in J \tag{10.19}$$

其中，模型中的目标函数式（10.14）表示求解设施点到需求点最大距离 D 的最小化；约束条件式（10.15）指任意需求点与临近设施之间的最大距离；约束条件式（10.16）表示任何需求点仅派往一个设施点；约束条件式（10.17）保证仅对开设的设施指派需求点；约束条件式（10.18）用于限制设施的数量为 n；约束条件式（10.19）用于保证决策变量 x_i 和 y_i 是（0,1）整数变量。

10.2.3 选址的常用算法

1. 选址模型求解的常用算法

1）定性算法

定性算法主要是以层次分析法为代表的理论方法，利用层次分析法对设施选址的影响因素进行划分和归类，并建立影响因素指标体系。但是随着社会发展的需要，定性分析往往具有很多弊端，因此，将层次分析法和模糊综合评价法相结合的模糊层次分析法 Fuzzy-Analytic Hierarchy Process（简称 Fuzzy-AHP）广泛用于大型设施的选址实践中，尤其是在政策性选址问题中，模糊层次分析法可以有效结合定性分析与定量分析的优点，对设施备选方案进行指标评价，得出最优的选址方案，从而提高选址的理论性和科学性。

2）定量算法

定量算法比较多，常用定量方法主要包括松弛算法和启发式算法以及两者的结合。由于很多选址问题属于 NPC（Non-deterministic Polynomial Complete）问题，即所有的问题都可以用多项式时间规划的方式得到解决，所以算法设计和改进是目前对此类问题研究的重点，通过构造松弛算法或启发式算法获得尽量接近最优解的近似解。

常用的松弛算法包括线性规划松弛算法、拉格朗日松弛算法和对偶规划松弛算法等。为了简化选址问题的求解过程，线性规划和拉格朗日松弛算法可以将造成问题难的约束条件添加进目标函数中，并使目标函数仍保持线性，这样原问题便减少了某些约束，就可以使原问题在多项式时间内求得最优解。实践证明，拉格朗日松弛算法不仅能够评价算法的效果，而且能够与其他算法相结合，提高算法的效率。

启发式算法是指利用某种既定方式在状态空间中对每一个要搜索的位置进行评估，从而得到可行位置，再从这个位置进行搜索直到达到目标近似最优解。这样的搜索方式可以减少很多无效的搜索路径，极大地提高了搜索的效率。常用的启发式算法主要包括遗传算法、模拟退火算法、蚁群算法、禁忌搜索等。

2. 最短路径求解算法

在选址过程中，计算设施点与需求点之间的距离时，通常用最短路径来替代原有的两点间的直线距离。计算最短路径算法中比较典型的便是 Dijkstra 算法，后期出现的计算最短路径的新算法大多是以 Dijkstra 算法为基础来实现的。

Dijkstra 算法的基本原理是假设在由道路节点与节点间最短路径组成的网络（如交通网络）中，把所有节点分为两个集合 M 和 N，其中集合 M 包含了已被选入组成最短路径的网络节点，而集合 N 则包含了剩余的节点。令 O 点为网络源点，Dijkstra 算法过程中需要保证，源点 O 到集合 M 中各节点的最短路径长度不大于 O 到 N 中各节点的最短路径长度。在网络中，每个顶点节点都对应一个距离值，其中 M 中的顶点的距离是 N 到此顶点之间的最短路径长度，而 N 中的顶点的距离则是 M 中顶点作为中间点时的最短路径长度。在如图 10.2 所示的无向网络图中，O-T 为网络节点，连线上的数字表示任意两节点间的最短路径，设置好集合 M 和集合 N，并记录从源点到其他顶点的最短路径，记为 $D(O,N_i)$，具体计算的过程如下。

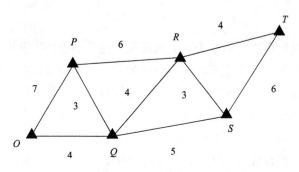

图 10.2　Dijkstra 无向网络图

（1）当集合 M 中选入源点 O，则 $M=\{O\}$，$N=\{P,Q,R,S,T\}$，$D(O,P)=7$，$D(O,Q)=4$，$D(O,R)=D(O,S)=D(O,T)=\infty$，所以 $D(O,Q)=4$ 是最短路径。

（2）当集合 M 中选入源点 Q，则 $M=\{O,Q\}$，$N=\{P,R,S,T\}$，$D(O,P)=7$，$D(O,R)=8$，$D(O,S)=9$，$D(O,T)=\infty$，所以 $D(O,P)=7$ 是最短路径。

（3）当集合 M 中选入源点 P，则 $M=\{O,Q,P\}$，$N=\{R,S,T\}$，从最短路径 O-Q-P 出发有 $D(O,R)=13$，而在（2）中 $D(O,R)=8$，所以 $D(O,S)=\infty$，$D(O,T)=\infty$，所以由 O-Q-P 出发的最短路径是 $D(O,R)=8$。

（4）当集合 M 中选入源点 R，则 $M=\{O,Q,P,R\}$，$N=\{S,T\}$，从最短路径 O-Q-R 出发有 $D(O,S)=11$，而在（2）中 $D(O,S)=9$，所以 $D(O,S)=9$，$D(O,T)=12$，所以由 O-Q-S 出发的最短路径是 $D(O,S)=9$。

（5）当集合 M 中选入源点 S，则 $M=\{O,Q,P,R,S\}$，$N=\{T\}$，从最短路径 O-Q-S 出发有 $D(O,T)=15$ 而在（2）中 $D(O,S)=9$ 所以 $D(O,S)=9$，$D(O,T)=12$，所以由 O-Q-R-T 出发的最短路径是 $D(O,T)=12$。

（6）当集合 M 中选入源点 T，则 $M=\{O,Q,P,R,S,T\}$，从最短路径 O-Q-S 出发有 $D(O,T)=15$，而在（2）中 $D(O,S)=9$ 所以 $D(O,S)=9$，$D(O,T)=12$，所以由 O-Q-R-T 出发的最短路径是 $D(O,T)=12$，此时 $N=\varphi$，查找结束。

10.3 基地建设原则

10.3.1 开发牵头

1. 区域布局功能规划

1）预留发展空间

预留发展空间要考虑四个衔接：一是与整体经济社会发展相配套衔接，根据未来发展需要留出足够但并不浪费的发展空间；二是尽可能少占用农业耕地，结合地理地貌和生态效应，可多放在非农用耕地上；三是与已开发成片的建成区相衔接，尤其是与已建成的基础设施相配套衔接，以节省预期投资成本，提高投入产出效应；四是要把预留发展用地的中近期开发与长期用途相衔接，既不能长期搁置不开发，浪费土地资源，也不能只顾近期利益，不考虑长远发展，而导致可能的投资浪费。

2）协调用地规划与专业规划的关系

工业园区用地的控制性规划主要规定总体用地的规模和范围、功能分区、各具体用地的用途等。专业规划是服务于用地规划的，制定包括电、水、路、气等基础设施在内的规划，作为对规划的深化，更加强调可操作性。在制定专业规划时，要体现专业规划应服从和服务于总体规划的功能要求；各专业规划之间要统筹考虑，做到有序安排、合理衔接；专业规划要针对具体地段或地块的用地要求，有针对性地制定相应规划。

3）合理调整和利用现有存量土地资源

由于各种综合因素的影响，基地建设容易出现一部分存量土地未能充分开发利用造成的撂荒现象，因此应实际地解决土地存量资源的调整与利用。为此，对已开工但暂且搁置的项目，应根据实际原因，解决市场或资金方面的困难，促其尽快按计划实施；对一时无用途暂时闲置的土地，应结合招商引咨以及新项目的引进，积极从事土地的转让工作，新进项目的土地征用，原则上优先安排在存量土地上；进一步积极稳妥地开放二级市场，通过市场配置土地资源盘活存量土地；对确属恶意炒作地皮，又无资金来源的开发商，依照土地法和有关法规，要将闲置土地收回，可考虑改作他用或作为公益事业（如绿化）用地。

2. 基地配套需求

相比于传统生产制造基地而言，产业化基地作为建筑业升级的代表，在基地建设过程中应重视生活配套设施建设，拉近生产与生活的关系，加大在公共配套方面的投入。一方面，住宅产业化以科技研发投入提高了建筑生产效率，在生产配套上面，研究成果需要一定的交流会议来推动，同时技术成果需要会展交易的配套支持来宣传造势；另一方面，基地需要为研发科技人员提供餐饮、休闲娱乐的配套支持，为生产提供良好的生活保障。基地配套设施如图 10.3 所示。

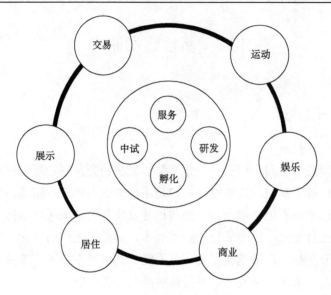

图 10.3　基地配套设施展示

10.3.2　设计主导

1. 总体发展设计

1）培育要素市场

加大要素市场的培育力度，让土地、资金、劳动力等有形要素和机构、知识、培训等无形要素在基地中发挥出最大作用。让要素有活力，深度挖掘要素的潜力，促进要素之间有效地流动、集聚，以此达到配置的最大优化。同时让经过长期发展形成的基地经济格局和现有城镇基础设施得到充分利用，让生产要素以最快的速度集聚。合理规划土地投入方向，增强土地利用率，使土地资源集中于优势企业、优势项目上。加速人力资源开发，培养和培训各级各类人才，让人力资源要素在合理流动中达到配置最优化。加快科技成果转化率，鼓励技术要素以多种形式参与收益分配。

2）创新项目机制

引导基地业务向建筑产业化产业链的上下游延伸，向原材料采购、建筑节能、构件装配安装、成品建筑销售、售后服务的全过程延伸，借以提高基地的发展规模和根植性，拉动相应配套项目的发展，让基地产业集聚发展空间向纵深拓展。以国家有关政策规定为依托，及时向当地经济体系发布鼓励、限制和禁止的项目，并配套建立投资风险防范和预警体系，对投资的风险进行监测和分析。将地方政府和相关部门的有形及无形资源进行重新组合，对促进产业发展的关键项目进行重点扶持，有机融合产业集聚政策和招商引资政策，以提高基地产业发展的整体市场竞争力。

3）创新区域品牌

应着力扶持技术含量高、有发展潜力的产品品牌，实施区域品牌战略，积极培育国家名牌企业，鼓励名牌企业迅速扩大品牌经营规模，建立自己的品牌。除了建设自己的基地品牌，还应利用自身优势，引进外来品牌企业进驻基地。促进自身名牌企业与外来品牌的全方位、多层次地协作，达到资源共享，对已经建立协作的品牌加大宣传力度。以基地内的名牌企业、名牌产品为依托，通过对品牌加工和自身生产以及原材料配套供应，促进整个基地产业链配套专业化生产，以政府主导、中介辅助、企业协作为原则，促进企业建立销售网络，共享营销资源，使品牌既体现园区的区域特性，也兼容其企业特性。

2. 产品成形过程设计

统筹考虑原材料选用及运输、构件生产、施工现场吊装等多方面因素，进行总体构想和战略设计，一方面是为了补充并完善工业化项目的设计内容，降低项目实施中遇到的阻力；另一方面是想进一步总结经验，以点带面，全面推进建筑工业化的发展，进而实现培育和发展一批符合住宅产业现代化要求的产业关联度大、带动能力强的龙头企业，发挥示范、引导和辐射作用的目标。

这就要求在基地建设的过程中，设计工作应积极依靠"坚持科学发展观，依靠技术创新，提高住宅产业标准化、工业化水平，大力发展节能省地型住宅，促进粗放式住宅建造方式的转变，增强住宅产业可持续发展能力"的方针，同时统筹协调各方面因素，整体性、系统性地解决产业化基地在建设过程中遇到的障碍，增强基地建设的计划性、协调性、关联性、科学性。

10.3.3 物流保障

随着建筑预制率的不断提升，越来越多的建筑构件在生产后需进行构件的吊装运输，尤其针对大型预制构件，如外墙板、楼梯、叠合板，由于受构件堆场大小以及施工现场空间的限制，施工进度安排对构件的运输及安装有特定的时间要求。物流保障作为提升基地竞争优势的关键，对基地的发展有重要的意义。物流保障提升基地竞争优势的机制模型如图10.4所示。

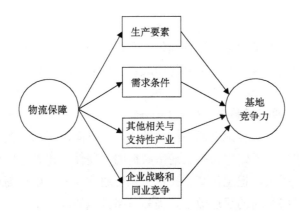

图10.4 物流保障提升基地竞争优势的机制模型

1) 强化生产要素

物流系统拥有强大的资源整合能力,可以有效地将基地及其相关企业紧密联系起来,使得各种生产要素如人力资源、天然资源、知识资源、资本资源和基础设施在一个有限的空间内得到聚集与优化。

2) 强化需求条件

物流保障通过自身先进的信息技术和网络技术,将基地及其相关的企业紧密联系起来进行优化,使得建筑原材料以尽可能快的速度,通过生产、销售变成增值的产品,送到工业化建造的项目中,以达到快速响应需求的目的。

3) 强化其他相关与支持性产业

(1) 加快物流产业的形成和再造。物流保障可以科学地设计组织体系,按市场机制进行运作,避免市场供求及价格波动的风险,还可以通过集成化的物流管理信息系统,物流价值链上的各成员能做到信息共享,实时监控,以压缩物流流程时间,提高需求、供货预测精度。

(2) 对其他非物流相关产业与支持性产业有一定的强化作用。物流保障可以更好地整合产业链不同节点的上下游企业或有功能重叠的关联产业,使得相关产业之间的联系更为紧密,实现互补和合作。物流保障涉及预制构件的运输、仓储、装卸、安装等诸多环节,具有跨部门、跨区域的特点,具有强大的经济渗透能力和产业关联带动效应。

4) 强化企业战略和同业竞争

从同业竞争的角度分析,物流保障会直接或间接地影响到同类企业的竞争。物流保障拥有的专业化训练课程、物流人才以及强大的资源整合能力和先进的管理理念,可以成为基地内企业在科研能力、信息技术能力、供应链管理能力等方面形成竞争优势的来源。专业化的物流企业对产业链上上下游企业的高度整合,使得企业之间的资源共享成为可能。而企业对对方的企业竞争战略、产品结构、技术特点、营销网络都非常了解,使得它们进入对方的业务领域成为可能。

10.3.4 信息一体化

1. 运营管理系统

通过信息化的手段改革优化基地管理体制,再造基地管理流程。运营管理信息化能够提高基地相关部门的办事效率,节约管理成本;还能够迅速解决基地出现的突发问题及棘手事件。

1) 道路监控与交通管理系统

为解决交通问题,改善基地交通系统的性能,一方面需要通过改造路网系统、拓宽路面、增添交通设施以及道路建设等交通所必需的"硬件"建设来实现;另一方面需要通过采用科学的管理手段,把现代高新技术引入交通管理中,以提高现有路网的交通性能,从而改善整个道路交通的管理效率,提高道路设施的利用率,实现基地交通管理的科学性和有效性。

2）停车管理系统

私家车和物流车辆的停放会在一定程度上影响基地的日常秩序。要从根本上解决停车问题，必须科学合理地做好基地交通和停车规划、建设停车场、推广基地停车诱导技术。其中，基地停车诱导系统主要由停车场空余车位采集系统、数据管理服务中心、诱导信息发布系统、基于中国移动的GPRS数据传输网络构成。

3）公共区域安全监控系统

信息系统采用网络化、全高清的部署方案，在基地重点区域部署了高清监控点，进行全天候治安监管，大幅改善了早前模拟监控图像不清晰、传输管理不便、图像实用价值不高的情况。在高速出入口等重要的交通路段，部署高清卡口系统，实现公共区域安全监控。

4）一卡通系统

一卡通是基地为便民利民，向员工发放，用于办理相关事务和享受基地公共服务的集成电路卡（IC卡），是现代服务的综合体现。系统设计采用多级架构模式，将基地一卡通进行行业化设定和区域化设定，实行行业、应用、区域化管理，既减轻了数据中心的负担，又保证了其应用的广泛性。

2. 电子政务系统

1）行政服务中心

建立基地行政服务中心，通过网络化信息平台的设立，构建一个集中办理、统一管理、公开透明、信息共享、方便高效的新型基地办公体系及运行管理机制，实现多职能部门的信息互通共享，更好地为基地的经济建设和社会发展服务。

2）数字园区管理平台

数字化基地管理就是指利用信息化手段和移动通信技术手段来处理、分析、管理整个基地的所有部件及事件信息，促进基地管理现代化的信息化措施，以实现精确、敏捷、高效、可视化、全时段、全方位覆盖的基地管理模式，实现对基地市政工程设施、公用设施、环境与环境秩序等的网格化监督和管理的综合管理系统。

3. 公共信息服务系统

公共信息服务系统包含的子系统及各子系统的具体内容如表10.1所示。

表10.1 公共信息服务系统包含的子系统及各子系统的具体内容

序号	名称	具体内容
1	公共信息发布系统	在办公区、生产区及生活区等场所安装各类信息屏，发布公益性信息、基地信息、引导信息，并可接入相关广告
2	基地网站	为管理人员、工人及外部人员提供相应服务信息
3	区域短信平台	为管理人员、工人及外部人员提供基地各类服务信息
4	呼叫中心	为管理人员、工人及外部人员提供实时服务

10.4 基地建设内涵

10.4.1 概述

1）基地分类

产业化基地在建设过程中,按主导对象的不同可分为两类:企业主导型基地及国家主导型基地,具体内容如表10.2所示。

表10.2 产业化基地分类的内容

序号	名称	内容	
1	企业主导型基地	按照企业发展方向不同	侧重于开发的联盟企业,如深圳万科、南京栖霞、长沙远大等
			侧重于部品构件的生产企业,如北新建材集团、青岛海尔、温州正泰、天津二建、山东力诺、黑龙江宇辉等
2	国家主导型基地	推广地方建筑工业化发展,如深圳市人民政府	

2）基地主要内容

企业主导的产业化基地主要从住宅结构体系技术入手,研究开发新型工业化的住宅建造方式,完善住宅成套技术体系以及成品房装配式装修成套技术。如东莞万科住宅产业化研究基地承担着万科建筑研究中心各种技术成果的研发和全国推广的工作,北京万科专门进行装配式结构的研究,深圳万科专门从住宅发展的角度成立了研究中心,长沙远大主要从整体卫浴开始向集成商转变,其他侧重于部品构件生产的企业也在从生产供应商向集成商转变。

国家主导的产业化基地主要是专门成立工作机构,根据城市发展的总体规划,加快制定本地区的住宅产业发展规划和产业政策,围绕住宅产业现代化工作积极开展相关课题的调查研究,完善管理运行机制。例如,深圳市政府成立了深圳住宅产业化促进中心,从全市角度来讲,从做住宅产业化起就建立了产业化基地的主要任务和工作思路:主要是培育和发展一批符合住宅产业化要求的带头企业,发挥企业优势,完善标准化、部品供应体系,探索新兴工业化、住宅产业化、建设标准化和发展模式,来推动国家节能省地环保型建设。通过消费水平的转变全面提升住宅产业品质,这也是我国住宅产业化基地的任务和要求。

3）基地发展规划

我国产业化基地的发展规划从工作思路上来讲,可大体分为3个阶段,具体如表10.3所示。

表 10.3 我国产业化基地的发展规划

序号	名称	主要内容
1	培育、发展阶段	从两种类型的基地进行培育，开发企业类型要做大、做强；部品构件生产企业类型要做精、做全，具有一定规模和实力，所谓的全就是要结合住宅所需部品进行生产，包括水、电、内装修、外装修、维护结构、内装饰结构等部品部件
2	凝聚、整合阶段	通过大型的龙头开发企业形成联盟，把培育的部品企业和开发企业的技术应用于开发项目。通过技术整合提升技术集成的能力，通过标准统一促进企业间的衔接，形成总联盟
3	推广、示范阶段	把拥有的住宅产业化发展经验总结出普适性，向全国具备条件的地区进行大范围推广

10.4.2 企业为主导的基地建设

1. 研究中心

1）研发设计部门

研发设计主要涵盖全流程产业化建筑设计、生产与施工技术咨询、定制产品研发、项目使用维护与成本控制咨询、政策标准及课题研究在内的全产业链技术咨询服务，尤其以集成"工业化+绿色+BIM"技术为研发特色，为不同的建筑产品提供工业化系统的解决方案，最终目标在于形成装配式整体混凝土结构、木结构和钢结构三大技术体系，目前我国较常用的主要是装配式混凝土结构以及钢结构。具体而言，包括从设计到施工全过程包含的各阶段的技术及施工难点，可提供涵盖工业化建筑设计策划、前期规划、建筑方案、施工图设计、构件图深化、生产安装指导及 BIM 技术应用等全流程的技术服务。应该指出的是，随着 BIM 技术的不断推广及研发，以"产业化+BIM"两大技术研发作为工程建设产业链的核心与重点，能够满足上下游设计链条的资源整合，同时可以利用平台把优质的先进资源和地域资源结合起来，实现技术和产业的升级。

2）技术研究部门

（1）技术实验平台。

实验平台的主要目的是检测 PC 构件、PC 框架及支撑设备等的实际使用功能。通过 1:1 的模拟拼装实验，直接迅速地反映工业化住宅设计理念。同时，实验平台能实现大部分工业化住宅的节点工艺实验，并且工艺实验的验证将为以后进一步的力学实验和实验楼建造打下坚实基础。

性能实验将与住宅性能相关的部品、技术在实验房或者平台上进行设计安装，记录测试结果，对技术进行对比分析，验证技术有效性，为其在住宅产品中的原理提供理论支持。万科已完成的实验包括自然通风实验、外遮阳研究等，正在进行的性能实验包括太阳能光电组件的对比测试、太阳能热水系统对比测试。

（2）研究区。

①人工湿地。

人工湿地是研究基地的厂区污水、生活污水和雨水的处理工程。厂区污水和生活污水深度处理后部分回用于绿地浇灌,达到水资源的循环利用,如图10.5所示。

  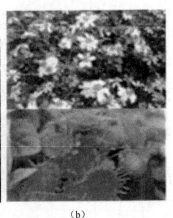

(a)　　　　　　　　　(b)

图10.5　人工湿地　　　　图10.6　研究植物种类

②植物研究区。

调研各个地区适宜生长的野生植物资源,选择适宜的植物种类在景观试验区进行试验种植。选择成熟、可行的物种作为景观类植物,如图10.6所示。

③景观铺装。

研发各种混凝土的表面效果,在基地园区铺设人行步道、汀步、小广场等试验区,研究景观铺装的效果,如图10.7所示。

(a)饰面景观　　　(b)水纹景观　　　(c)路面景观　　　(d)仿古景观

图10.7　景观铺装

④渗水路面。

渗水路面可使雨水迅速渗入地表,还原成地下水,及时补充地下水资源,见图10.8。渗水路面无路面积水和夜间反光,提高了车辆、行人的通行舒适性与安全性;渗水路面上大量的孔隙能够吸收车辆行驶时产生的噪声,有效降低噪声4~5dB;具有较大的孔隙率,并与土壤相通,能蓄积较多的热和水分,调节城市生态;当集中降雨时,能够减轻排水设施的负担。

(a) 磨砂渗水路面　　　　　　　　(b) 孔洞渗水路面

图 10.8　渗水路面

2. 建材设备生产供应仓储中心

PC 车间即预制混凝土车间，一般布置有三条生产线，即模具加工制作、钢筋加工生产、混凝土浇筑，如图 10.9～图 10.19 所示。经过三条生产线生产出来的产品分别是一栋住宅的各个部分如外墙、梁、柱、楼体、阳台等，运到施工现场经过安装、固定，便组成了房子。在 PC 车间里，参照先进的生产方式，对工艺进行各项优化试验，使得预制构件能够方便地安装，不需将大量的时间花费在解决构件与构件之间的钢筋"打架"问题，同时将可以稳态生产的钢筋误差值作为企业的标准。

图 10.9　模具加工制作　　　图 10.10　钢筋加工生产　　　图 10.11　混凝土浇筑

预制混凝土生产实验室作为 PC 构件生产必不可少的重要部门，主要用于改善预制构件生产质量和工艺流程。产业化构件生产基地中，常见的实验设备有水泥净浆搅拌机、水泥胶砂搅拌机、水泥胶砂试件成型振动台、水灰比测定仪、数显压力实验机、新标准砂石子筛（方孔）等。

图 10.12　数显压力实验机　　图 10.13　水泥胶砂搅拌机　　图 10.14　水泥胶砂振实台

基地一般设有原材料堆场、半成品仓库、混凝土搅拌场地以及预制构件成品堆场。建筑原材料全由自动化实现混凝土的制成,极大地减少了人工操作,实现了预制构件加工厂生产的全自动化,方便了工业化加工生产。在成品堆场,堆场的表面经过特殊硬化,并设有大型吊车及吊车轨道。

图 10.15　原材料加工前堆放口　　　　图 10.16　地下水库入口

图 10.17　自动送料机口　　　　　图 10.18　成品堆场

图 10.19 PC 车间混凝土搅拌设备

3. 质检中心

1）建筑原材料质量检验

预制构件生产使用的钢筋、水泥、砂、石、外加剂等，入场时应建立材料进场台账，向供货单位索要合格证，然后按国家规范规定的批量送实验室做复检。

2）生产过程质量检验

生产过程质量检验包括材料检验、预应力值检验、混凝土质量检验和构件放张控制。

材料检验主要指混凝土、钢筋和钢材的力学性能指标、耐久性要求等应符合现行国家标准《混凝土结构设计规范（2015 年版）》（GB 50010—2010）和《钢结构设计规范》（GB 50017—2003）的规定；钢筋的选用应符合现行国家标准《混凝土结构设计规范（2015 年版）》（GB 50010—2010）的规定，普通钢筋采用套筒灌浆连接和浆锚搭接连接时，钢筋应采用热轧带肋钢筋；钢筋网应符合现行行业标准《钢筋焊接网混凝土结构技术规程》（JGJ 114—2014）的规定；预制构件的吊环应采用未经冷加工的 HPB300 级钢筋制作，吊装用内埋式螺母或吊杆的材料应符合国家现行相关标准的规定。

预应力值检验是指预应力构件抗裂性能的关键在于能否建立起设计所需的预压应力值，故施工时必须控制张拉力值和被张钢丝的伸长变形值。

混凝土质量检验包括：搅拌前对混凝土各原材料进行计量抽查，并做好记录；搅拌中要控制搅拌时间，按规范要求进行；搅拌后应对混凝土的稠度进行检验，一般干硬性混凝土检验维勃稠度，无条件时可检查坍落度。混凝土浇捣过程中应做混凝土施工记录，内容包括：搅拌、振捣、运输和养护的方式，以及混凝土试件留置情况。

构件放张是指预制构件成型后，经过一定时间的养护，就应出池、放张，养护时间应按养护方式、温度、外加剂掺量的不同根据经验确定，并检查同条件养护的混凝土试件。

3）构件质量检验

构件质量检验包括外观质量检验和尺寸偏差检验。外观检验通过控制构件的外观质量保证构件的使用性能。对已出现的常见缺陷，应按技术方案进行处理，并应重新检验。构件尺寸抽查的多是长度宽度、主筋保护层厚度及外露长度，主要的检验标准依据《装配式混凝土结构技术规程》（JGJ 1-2014）。

4）构件结构性能检验

检验指标一般有三项。对预应力构件，正常使用状态下要求不开裂，则检验指标有抗裂度、挠度和承载力三项；对于非预应力构件，正常使用状态下可以有裂缝出现，但对裂缝宽度有要求，则检验指标有裂缝宽度、挠度和承载力三项。

4. 展销中心

1）建筑影响

（1）建筑传达品牌信息。

建筑内部空间作为具象的展示空间，通过实体产品展示和陈列实施宣传，或通过宣传展览板、沙盘推演、数字化显示媒体等电子媒体设备的运用，以图像或影像的方式来传达产品信息。这种信息空间使建筑的边界消失，使参观者将更多的注意力用视听感观来感受，从而获取更多的展览宣传信息。同时，建筑内部空间的造型和表皮质地会对参观者产生暗示的作用，如表皮质地暗示基地产品的质量效果，建筑造型暗示基地产品与众不同，影像场景暗示基地产品相关的流行动态资讯。简言之，建筑的造型、材质组合、影像使用、照明设备等都可以作为基地产品品牌信息的载体。

（2）建筑塑造品牌形象。

品牌形象的概念是当消费者想到一个品牌时，自主出现在脑海中的联想，即消费者对一个品牌的特定想法。品牌形象是产品各个内容细节的汇总，包括产品及产品包装的色彩、质感、样式等，建筑可以借助具体或抽象的表现形式将与产品相关的信息和内在精神表达出来，如建筑表皮技术，它应用到了建筑材料、建筑声光热设及建筑结构的各个方面，是一门综合性很强的新技术。利用建筑表皮技术可以将墙体表现出所需的纹样形式和个性特征，这样就可以将产品的品牌标识、品牌特征和所需要表达的品牌概念通过具体的建筑手段表达出来。

（3）建筑表达品牌精神。

品牌精神作为产品的核心层次，是品牌核心非物质化的表现。消费者对商品符号价值的追求使得图像、符号、意义成了消费的主体，承载它们的实体则沦为了附属品，但图像、符号、意义对消费的影响不是孤立的，它们相互链接形成品牌。现实生活中，消费者对商品背后意义的关注实际上就是对品牌的关注。在都市群体被品牌包围的实际生活中，每个人或多或少都有自己所忠诚的品牌，建筑也不例外。因此，建筑必须正确而有效地传达品牌精神。当建筑与品牌在发展轨迹上都能够的达到共鸣的时候，品牌和建筑便不再是互不相干的名词，而是可以达到互利互惠的契机和结合点。

2）表达形式影响

（1）电子沙盘系统。

电子沙盘系统是一个集艺术性、演示性、知识性为一体的高科技展览展示手段，可以融合更多的设计和新鲜元素，满足更多客户的个性化需求，可通过计算机多媒体控制技术，控制声音、视频等同步显示。沙盘展示的设计手法精湛，整个展示过程既有在传统展板上的创新，又有基于充分体现现代高新科技成就上的互动，既有场面宏大的模型，又有制作精巧、竖向布局的多个小模型；在展示过程中，大量运用高科技展示手法，集声、光、电、互动项目、三维动画、影视等现代视觉效果之大成，结合趣味性、互动性与知识性，寓展于乐；同时，电子沙盘设有中央控制系统，包括总体控制、厅内照明、灯饰、计算机、电视机、操作台以及空调等强弱电系统，按照预先编制的运行程序自动运行，从开启电源到并闭电源，都不需要人为控制，自动运行。

（2）展板。

优秀的展板设计是吸引消费者、推介产品、促进消费的重要载体，也是展销中心最常见的展示工具。常见的展板形式有 KT 板、雪弗板、铝板、铝塑板、高密度板，可根据实际需要选择不同的展板形式。展板通过精炼的宣传文字、真实的产品实体照片、色彩鲜艳的图形及创意十足的构成和编排，加深参观者对产品的印象，提升消费者的购买欲望，促进产品的销售量。

（3）展台。

展台设计搭建的目的在于丰富产品形象，突出产品优势，一个好的展台不仅有利于提升基地营销水平，还有利于显示基地实力。展台的布置要根据产品的不同、放置位置的不同、展示时间的不同做特定的设计，新颖得体的展台无形中为产品增色添分，增大企业与消费者合作的机会。

第 11 章 建筑工业化建造管理体系

11.1 质量管理

11.1.1 质量管理基础

1）质量管理原则

质量管理原则见表 11.1。

表 11.1 质量管理原则

质量原则	详述
工程质量是一切工作的根本	建设工程项目由于其特殊性，质量问题引发的事故后果十分严重。所以项目负责人要极度重视项目质量，把"质量第一"作为工业化项目建设的最根本要求
以人为核心	人是企业的最宝贵资源，是具体劳动的实践者，必须要把人的工作积极性、主动性、创造性发挥出来，做到尊重劳动者，努力通过各种手段和途径提高劳动者的综合素质，提高业务技能，从而保证工业化项目建设的施工质量
时刻牢记预防为主	工程建设项目的施工质量受多种因素的影响，容易产生较大的质量波动，还具有隐蔽性强的问题，要保证项目在施工过程中质量全程受控，必须要将关口前移，突出事前控制，做好过程监督，确保每一个工序没有错误，确保每一批物资都是合格产品，确保每一个隐患都能得到及时消除
用数据作为评判标准	数据是评判质量好坏的最基础、最客观、最直观的依据。对于物质质量、施工数据、产品标号等，都要坚持始终用数据说话
坚守职业道德	工程建设质量的管理人员，要坚持自己的职业操守，秉承公正、客观的原则，尊重科学、尊重事实，要坚持原则，不能因个人利益，跨越红线，丧失底线，坚决杜绝各种违规、违法行为

2）质量管理依据

（1）工程以及技术方面的标准：包括涉及建筑工程方面的标准、相关的验收及检查标准、工程质量方面的检测标准以及合同中涉及的要执行的标准。这些标准大部分都是需要强制执行的规范。

（2）质量标准体系：包括一系列国家标准，如 GB/T 19004—2015、GB/T 19001—2016，GB/T 19000—2016 等。

（3）一些建设工程方面的法律以及行业部门和地方政府制定的涉及建筑工程质量方面的规范和规定。

（4）涉及的工程项目建设施工方面的合同、有关文件以及相关的图纸。

（5）企业自身关于工业化项目质量控制的制度。

（6）建筑项目施工过程中涉及的质量方面的目标和计划等。

11.1.2 质量管理内容

1）投资决策阶段质量管理

在工业化建造项目建设中，资金、工期、质量作为项目建设的三大核心，每一项因素对工程项目的质量都起着十分重要的作用。

决策阶段管理工作的主要任务是项目立项。项目立项是项目决策的标志，决策阶段的主要工作包括编制项目建议书、编制可行性研究报告。如果在项目决策阶段不认真论证，就有可能造成项目的把握不够、定位失误、功能设计不合理，因而无法满足最终的现实需要，导致整个项目的失败。

决策阶段的管理工作应按照投资额度、工程工期及质量控制目标三大核心要素的要求，合理把握三者的相互关系，根据项目建设的实际需要，确定合理的资金投入，进行合理的工期及进度安排，实现科学的质量目标。在决策阶段通过加深可行性研究深度以及投资决策的准确度、适用性和科学性，对多个方案进行对比，好中选优；将可行性报告与工业化建造项目的建议书进行对照，考察一致性；还要考察相关的内容是否符合相关的政策及标准规范，通过这些工作来加强投资决策阶段的质量控制。

2）设计阶段质量管理

工业化项目设计准备阶段的主要任务是编制设计任务书，主要工作包括初步设计、技术设计、施工图设计。在设计阶段，要根据工业化施工要求和决策意图，从实际出发，编制用于指导工业化建设活动的工程设计文件及资料。建设工程项目设计阶段的质量控制以使用功能和安全可靠性为核心，结合施工方案，进行功能性、可靠性、观感性、经济性的质量控制。设计技术可行性、工艺先进性、经济合理性、设备的配套性、结构的安全性，都将在很大程度上决定工业化项目在建成后的功能发挥和使用价值，以及工程实体的质量。

为控制好设计阶段的质量，需建立完备的设计公司质量保证体系。设计质量的控制方法主要有组织设计任务、严格设计的过程、强化设计的管理从而达到控制设计阶段质量的目的。为了保证建筑项目的质量，建设方应该提早介入，在初始设计时，就要求监理公司进行设计监控。在工作中，监理单位要加强对设计方工作的审核、监督，审核设计方案能否满足安全性、功能性、可靠性等方面的要求，以实现项目的投资目标。

3）施工阶段质量管理

工业化项目施工阶段的任务是根据工程合同、设计文件和图纸、国家及地方强制性标准等要求，通过施工形成工程实体。鉴于事中控制是保证建筑工程项目质量的关键阶段，所以在这个阶段必须严加监管，及时发现并消除存在的质量隐患。

在施工阶段，各相关方应掌握工程项目质量控制任务目标与控制方式、施工生产要素和作业过程的质量控制方法，熟悉施工质量控制的主要途径，具体见表11.2。同时必须严格按照有关国家标准和行业标准，做到科学组织，规范有序施工，严把各项质量关。

表 11.2 施工质量控制的主要途径

建设各方	主要途径
施工单位质量管理	施工单位作为建筑工程产品的生产者和经营者,应根据工程合同和设计文件的质量要求,通过全过程、全面的施工质量自控来完成质量合格的工程产品;在工程生产中应全面落实人员岗位质量责任制,加强对工程员工的动态管理;原材料、构配件进场要进行严格检查,需要见证取样的材料应严格按秩序送交资质符合的专业部门进行检测;对于可改进建筑工程建设项目质量的各种新材料装备、新工艺技术,都应该大力倡导推行使用,同时要符合国家相关标准对于建筑产品节能降耗的要求;加强自检、互检、交接检等工程产品质量检验等
监理单位质量管理	在项目的整个施工过程中,必须要开展全员、全方位、全过程的监督检查,保证每一道工序、每一批物资、每一次操作都符合标准。质量监理包括审验施工方的施工设计方案、专项施工方案是否符合工程建设强制性标准;审查分部分项工程的施工准备情况;检查原材料、设备、器具、构配件是否符合要求;检查安全防护措施的实施情况;检查工程进度和施工质量;组织验收分部分项工程质量;督促审核技术档案资料等
政府监督机构质量管理	政府监督部门在施工阶段的主要工作如下:开工前召开项目参与各方参加的首次监督会议,公布监督方案,提出监督要求,并进行监督检查;施工期间安排监督检查;要求建设单位把建设各方签字的质量验收证明报监督机构备案;查处施工过程中发生的质量问题、质量事故

4) 竣工验收阶段质量管理

建筑工程项目竣工验收阶段开展的质量检验主要包括项目的各项建筑参数、结构数据是否符合工程设计要求,是否有完整的技术档案和施工管理资料,是否完成合同约定的内容等。竣工验收阶段是工程项目由建设转入使用或投产的标志,是对工程质量控制的一个必要环节,做好竣工验收工作,对于全面确保工程质量具有十分重要的作用。

在竣工的最后验收阶段,必须要按照相关的标准、规范、制度、程序严格执行,不可随意降低标准,超越程序。政府质监站在工程验收阶段加大力度行使监督职能,纠正和查处建筑项目竣工验收阶段的违法行为,通过验收把关,确保工程建设质量,保证建筑工程的使用安全及环境质量。

5) 保修阶段质量管理

建筑在使用过程中,如果出现质量问题,那么施工单位应采取相应措施进行维修处理,并会同建设单位及其他有关单位,调查研究出现质量问题的原因,由事故责任单位承担相应的维修费用,此外,在工程项目保修期内,施工单位应主动对工程质量进行回访。施工单位及时保质保量地把保修期内出现的工程质量问题处理好,对于增强施工单位的市场诚信度具有积极的作用。

11.1.3 质量管理方法

1. 质量管理基本理论

质量管理基本理论见表 11.3。

表11.3 质量管理基本理论

原理名称	原理内容
PDCA基本原理	PDCA通过做好计划、组织实施、过程检查、持续改进等步骤，实现工程建筑项目质量的不断提升
系统质量控制理论	主要是指事前控制、事中控制和事后控制，是把一个建筑工程项目从实施过程的角度进行划分的
全员、全方位、全过程质量控制理论	全员主要是突出人的主观能动性；全方位主要是指对关系到建筑工程项目质量的各个方面都要进行质量管理；全过程主要是针对建筑工程项目的施工过程，强调每一个工序、每一个环节的连续性监管

2. 质量管理措施

建筑工程质量管理措施是对建筑产品质量的产生和形成全过程中的所有环节实施监控，具有及时发现并排除这些环节中有关技术活动偏离规定要求的作用。

1）树立先进的质量管理理念

要树立"零问题、零违章、零隐患"的"三零"理念。"三零"的目的是要通过完善制度、落实责任，弥补管理缺失，实现管理层的零问题；是要通过持续培训教育，强化动态监管，提升个人素质，实现操作层的零违章；是要通过隐患治理、技术创新和风险评价，多措并举，多管齐下，实现质量管理零隐患。具体措施如下：①实行单位主要领导质量承诺；②实行质量工作质量排名，定期对施工质量进行排名，提出存在的问题，排名情况要在季度会上通报；③提升质量管理会议质量；④注重文化引领；⑤从观念、制度、物态、行为四个方面探索质量管理文化的构建模式，编制总体规划，成立领导机构，建立"上下联动，部门互动，专业指导，层层负责"的工作责任机制。

2）强化人员的素质提升

人是一切施工活动的主体，是质量管理的重点。可采取多种形式提升人员的专业水平，组织大课堂活动。聘请国内知名专家、行业专家进行讲座，提升各级管理者的质量意识。开展岗位标准化操作达标升级活动，丰富活动内容，创新活动方式。通过层层考核，实现人人过关，切实解决"看惯了、干惯了、就习惯了"的问题，让职工看惯规范动作，按照规范干惯每个动作，促进个体标准化行为习惯和个体质量文化的形成。

3）提升制度执行力

（1）抓制度执行。随着质量管理的不断发展，要善于捕捉和发现管理制度和操作规程中的制度缺失，查找日常管理中的漏洞，做到早研究、早部署，防止"小问题"酿成"大事故"；同时制定的制度应简便易行，要在制度内容上进行提炼、简化，让职工一目了然，操作起来，很清楚、很简单、很实用；制度的考核不能松，实现考核到人，考核到位。

（2）抓关键节点。现场施工环节是出问题最多的环节，也是最容易引发事故的环节。无论配料、安装或是养护，每一个环节把关不严都有可能引发问题。抓质量，要铁腕管理、重拳出击。要从严要求、从严监管、从严惩戒。要讲究方法，有恒心，从思想上、机制上、措施上，促基层问题整改，促管理水平提升。

4）建设完善的质量保证体系

施工质量保证体系是以现场施工管理组织机构（如施工项目经理部）为主体，根据施工单位质量管理体系和业主方或总承包方的工程项目质量控制总体系的有关规定及要求而建立的。

施工质量保证体系的主要内容包括现场施工质量控制的目标体系、现场施工质量控制的业务职能（部门）分工、现场施工质量控制的基本制度和主要工作流程、现场施工质量计划或施工组织设计文件、现场施工质量控制点及其控制措施、现场施工质量控制的内外沟通协调关系网络及其运行措施。建设完善的质量保证体系，要明确施工人员工程质量管理职责、质量保证的内容、施工过程的质量保证、机械设备质量保证等。

5）强化监管

（1）强化开发、建设主体单位的监管。开发商是工程项目建设市场的根本动力，只有最大限度地调动他们的主动性，增强责任感，才能从根本上提高工程项目的质量。必须不断建立完善相应的法律法规，通过政府等部门进行干预，强化开发商的监管，另外，还要明确各方面的责任，加大处罚力度，提高开发商的违规成本，只有这样才能制衡开发商。

（2）强化政府对建筑质量的检验与监管。具体监管措施见表11.4。

表11.4 政府对建筑质量的检验与监管措施

项目	具体措施
实行工程建设项目质量监管告知	从项目运作开始，参与工程项目建设的各方就应该充分进行资源共享，资料交流，了解监督检查的方式、形式、办法等，从而使建方能够按照相关的要求主动开展工作，自觉开展自查自改，及时消除质量和事故隐患，提高工程项目建设质量
完善监督体制	通过建立集体监督等方式，提高监督执法的客观公正性，提高科学准确性
转变监督方式	切实做到监督与服务相结合，为贯彻落实"一岗双责""管生产必须管质量"的要求，开展以"送质量理念、送质量技术、送质量培训"为主要内容的"质量三送"活动
创新检查方法	采取巡回检查和随时抽样检查的方法，保证施工过程的安全、施工质量的全程受控，重点是保证基础工作、主体建筑、环境保护等重点工作、工序符合相关规定的要求，同时可以采取发放施工许可证、开展完工验收等方法，提高监督检查的时效性，保证检查过程能够客观公正，反映的问题能够代表真实情况

（3）强化社会层面监督和监理等单位的约束管理。首先，提升监理单位的综合素质，加大对于监理公司的管理力度。监理单位要合理匹配人员，适时补充，不断提高。其次，不断提升监理单位的权威性，必须要强化监理单位独立自主地开展工作。没有现场监理人员的签字，各种物资、配件都不能进行施工，更不能进行另外工序的施工。必须要把监理单位在项目质量管理上的权威、严肃性树立起来。再次，在工程项目的建造过程中，必须要发挥社会的力量，发挥舆论的力量，发挥人民的力量，广泛监督。最后，

要积极建设、推进工程建设方面的诚信体系，在依靠法律、制度的基础上，靠诚信约束企业，提高企业诚信度。

11.2 成本管理

11.2.1 成本管理基础

1）成本管理原则

成本管理原则见表 11.5。

表 11.5　成本管理原则

管理原则	主要内容
成本最低化	承建工程应注重降低成本的可能性和合理的成本最低化。一方面，挖掘各种降低成本的能力，使可能性变为现实；另一方面，要从实际出发，制定通过主观努力可能达到合理的最低成本水平
全面成本控制	工业化建设项目成本的全面控制有一个系统的实质性内容，包括各部门、各单位的责任网络和班组经济核算。它要求随着项目施工进展各个阶段的连续进行，既不能疏漏，又不能时紧时松，应使施工项目成本自始至终置于有效的控制之下
动态控制	工业化建设施工项目是一次性的，成本控制应强调项目的中间控制，即动态控制，因为施工准备阶段的成本控制只是根据施工组织设计的具体内容确定成本目标，编制成本计划，制定成本控制的方案，为今后的成本控制做好准备。而竣工阶段的成本控制，由于成本盈亏已基本定局，即使发生了偏差，也已来不及纠正了
责、权、利相结合	在工业化建设项目施工过程中，项目经理部、各部门、各班组在肩负成本控制责任的同时，享有成本控制的权力；同时项目经理要对各部门、各班组在成本控制中的业绩进行定期检查和考评，实行有奖有罚
坚守职业道德	工程建设质量的管理人员，要坚持自己的职业操守，秉承公正、客观的原则，尊重科学、尊重事实，要坚持原则，不能因个人利益，跨越红线，丧失底线，坚决杜绝各种违规、违法行为

2）成本管理依据

（1）承包合同。工业化建设施工成本控制要以工程的承包合同作为依据，并围绕降低工程成本的目标，从实际成本和预算收入两个方面挖掘增收的潜力，以获得更大的经济效益。

（2）成本计划。工业化建设施工成本计划是根据施工项目的具体情况而制订的施工成本管理计划，该计划既包括预计的成本管理目标，又包括实现该目标的规划措施，它对施工的成本管理具有指导意义。

（3）施工进度报告。施工成本管理要求相关人员掌握施工过程中每个环节的具体情况，而施工进度报告则提供了施工各阶段的工程完成情况和各环节的资金支出情况，成本的管理要以施工进度报告为重要依据。

（4）工程变更。一般情况下，工程变更包括设计变更、工程进度变更、施工条件变更、施工环节变更等，一旦出现变更，就会对成本的管理造成影响，因此，成本管理者需要及时掌握工程变更情况，保证成本管理过程中不会出现问题。

11.2.2 成本管理主要内容

建筑工业化建造项目成本管理的主要内容是对成本的全过程进行核算，从而控制项目成本，即对设计、采购、制造、质量、管理等发生的所有费用进行跟踪，执行有关的成本开支范围、费用开支标准、工程预算定额等，制定积极的、合理的计划成本和降低成本的措施，严格、准确地控制和核算施工过程中发生的各项成本，及时地提供可靠的成本分析报告和有关资料，并与计划成本进行对比，对项目进行经济责任承包的考核，以期改善经营管理，降低成本，提高经济效益。具体内容见表11.6。

表 11.6 成本管理的主要内容

项目	主要内容
确定预算成本	工程项目中标后，以审定的施工图预算为依据，确定预算成本。预算成本是对施工图预算所列价值按成本项目的核算内容进行分析、归类而得的，其中，有根据工程量和预算单价计算求得直接成本的人工费、材料费、施工机具使用费，按工程类别、计费基础和费率计算求得间接成本的施工管理费等
确定计划成本	计划成本的确定要从三方面考虑，即以预算成本为基础，考虑各个项目的可能支出 ①确定材料费成本时，可根据预算材料费减去材料计划降低额求得 ②人工费支出计划成本。根据预算总工日数和职工平均实际日工资计算，还可按照工程项目的工程量和单位工程量人工费支出计算出计划成本 ③机械维修和使用费用。该费用大致可分两部分：一部分是使用自有机械的经常性修理费、大修理费用和各种易耗备件所耗的费用；另一部分是使用租赁机械费用，根据租赁台数及租赁单价分类计算
实施成本控制	成本控制包括定额或指标控制、合同控制等 定额或指标控制指为了控制项目成本，要求成本支出必须按定额执行；没有定额的，要根据同类工程耗用情况，结合本工程的具体情况和节约要求，制定各项指标，据以执行。例如，材料用量的控制，应以消耗定额为依据，实行限额领料，没有消耗定额的材料，要制定领用材料指标。若材料购置实际单价超过预算单价，可能的话，要报经营部门找业主签证，以便在合同外另结算工程款 合同控制即项目部为了降低成本，根据已确定各成本子项的计划成本，与各专业人员签订的成本管理责任书
进行成本核算	成本核算要严格遵守成本开支范围，划清成本费用支出与非成本费用支出的界限，划清工程项目成本和期间费用的界限 实际成本中耗用材料的数量，必须以计算期内工程施工中实际耗用量为准，不得以领代耗。已领未耗用的材料，应及时办理退料手续；需留下继续使用的，应办理假退料手续。实际成本中按预算价（计划价）核算耗用材料的价格时，其材料成本差异应按月随同实际耗用材料计入工程成本中，不得在季（年）末一次计算分配
组织成本分析	项目部每月按成本费用项目进行成本分析，提出截至本月项目累计成本实现水平，并逐项分析成本项目节约或超支情况并寻找原因，之后，根据成本分析报告，定期或不定期召开项目成本分析会，总结成本节约经验，吸取成本超支的教训，为下月成本控制提供对策
严格成本考核	项目竣工后，工程结算收入与各成本项目的支出数额最终确定，项目部整理汇总有关的成本核算资料，报公司审核。根据公司的审核意见及项目部与各部门、各有关人员签订的成本承包合同，项目部对责任人予以奖励。如果成本核算和信息反馈及时，那么在工程施工过程中，分次进行成本考核并奖罚兑现，效果会更好

11.2.3 成本管理方法

（1）基于经验的成本管理方法。

它是管理者借助过去的经验来对管理对象进行控制，从而追求较高的质量、效率和避免或减少浪费的过程。这是一种最为普遍的管理方法。这种管理方法的缺点主要体现在如下两个方面：①经验带有严重的个人色彩，当变化的环境问题超过经验的范围时，经验可能失去效用；②经验往往是"就事论事"的，不是系统思维的结果。

（2）基于历史数据的成本控制方法。

绝大多数企业都有意识或无意识地、全面地或部分地采取了这种成本控制办法。其基本原理是，根据历史上已经发生的成本，取其平均值或最低值（管理者通常会要求以最低值）作为当前阶段或下一阶段的最高成本控制标准。这种方法的一个假设前提是，物价通常是在保持相对稳定中不断走低的。因此，使用这种方法的一个不足之处在于，当物价出现周期性上升，而企业的机制不够灵活或反应缓慢时，过分强调历史最低价，可能错过最佳交易时机或造成采购品质量下降或数量短缺。

（3）基于预算的目标成本控制方法。

国外成功企业的经验显示预算管理是有效的成本控制方法。

（4）基于标杆的目标成本控制方法。

标杆即样板，指别的企业及其某些方面做得优秀，将其作为标准来制定自己未来的目标并予以控制，要求自己企业或部门以此为标杆，并力争超越它。

（5）基于市场需求的目标成本控制方法。

基于市场需求的目标成本控制方法是根据市场需求制定企业实施目标。实践证明，此方法主要在竞争激烈的行业中被广泛采用，是一种十分有效的控制成本的手段。

（6）基于价值分析的成本降低方法。

一些优秀的制造业中的大企业都使用了这种方法。这类企业往往设有一个专门的部门来负责"降低成本"，他们分析现有的工作、事项、材料、工艺、标准，通过分析它们的价值并寻找相应的替代方案，可以相应地降低成本。这种方法在先进的公司使用是经常的和制度化的，即企业设有专门的人员（通常是工程师）以此作为工作职责。

成本管理的具体措施见表 11.7。

表 11.7　成本管理的具体措施

项目	具体措施
事前、事中、事后成本管理	成本的事前管理大体包括成本预测、成本决策，制定成本计划，规定消耗定额，建立和健全原始记录、计量手段和经济责任制，实行分级归口管理等内容。具体包括：①确定目标成本，采用正确的预算方法，对工程项目总成本水平进行预测，提出项目的目标成本；②编制成本计划，包括降低工程成本计划、技术保证措施计划和管理费用计划等
	成本的事中管理主要是指在施工过程中开展的成本过程控制包括对实际成本进行监测和对各项工作进行成本跟踪
	成本的事后管理是将工程实际成本与计划成本进行比较，计算成本差异，确定成本节约或浪费数额。针对存在的问题采取有效措施，改进成本控制工作。主要包括成本核算、成本分析

续表

项目	具体措施
制度建设	成本管理中最重要的制度是定额管理制度、预算管理制度、费用审报制度等
制定定额	定额是企业在一定生产技术水平和组织条件下，人力、物力、财力等各种资源的消耗达到的数量界限，主要有材料定额和工时定额。定额管理是成本控制基础工作的核心，建立定额领料制度，控制材料成本、燃料动力成本，建立人工包干制度，控制工时成本，以及控制制造费用，都要依赖定额制度，没有很好的定额，就无法控制生产成本；同时，定额也是成本预测、决策、核算、分析、分配的主要依据，是成本控制工作的重中之重
标准化工作	①计量标准化。计量是指用科学方法和手段，对生产经营活动中的量和质的数值进行测定，为生产经营，尤其是成本管理控制提供准确数据。②价格标准化。成本控制过程中要制定两个标准价格：一是内部价格，即内部结算价格，它是企业内部各核算单位之间，各核算单位与企业之间模拟市场进行"商品"交换的价值尺度；二是外部价格，即在企业购销活动中，与外部企业产生供应与销售的结算价格。③质量标准化。成本管理控制是质量控制下的成本控制，没有质量标准，成本控制就会失去方向，也谈不上成本控制
提高日常成本管理水平	①建筑企业应加强企业内部项目经理和项目专业人才的培训；②在项目施工过程中应处理好成本与工程、质量、安全、现场的关系

11.3 进 度 管 理

11.3.1 进度管理基础

进度通常是指建筑工业化项目实施结果进展的情况，在项目实施过程中要消耗时间、劳动力、材料、成本等才能完成项目的任务。因此，项目实施结果应该以项目任务的完成情况（如工程的数量）来表达。在现代工程项目管理中，人们已赋予进度综合的含义，它将工程项目的工期、成本、资源等有机地结合起来，形成一个综合的指标，来全面反映项目各个活动的进展情况。

工程项目进度管理的基本原理可以概括为三大系统的相互作用，即由进度计划系统、进度监测系统、进度调整系统共同构成了进度管理的基本过程。进度管理基本原理见图11.1。

进度管理人员必须事先对影响工程项目进度的各种因素进行调查分析，预测它们对工程项目进度的影响程度，确定合理的进度控制目标，编制可行的进度计划，使工程建设工作始终按计划进行。在计划执行过程中，不断检查工程项目的实际进展情况，并将实际状况与计划安排进行对比，从中得出偏离计划的信息。然后在分析进度偏差及其产生原因的基础上，通过采取组织、技术、合同、经济等措施对原进度计划进行调整或修正，再按新的进度计划实施。这样在进度计划的执行过程中不断检查和调整，以保证工程项目进度得到有效的控制与管理。

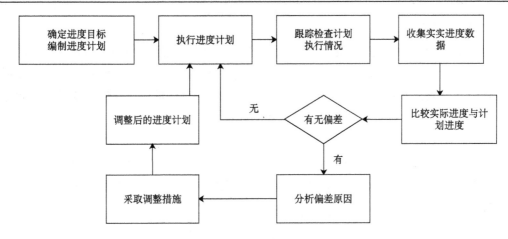

图 11.1 进度管理基本原理示意图

11.3.2 进度管理主要内容

施工项目进度管理的主要内容是编制施工总进度计划并控制其执行，按期完成整个施工项目的任务；编制单位工程施工进度计划并控制其执行，按期完成单位工程的施工任务；编制分部分项工程施工进度计划，并控制其执行，按期完成分部分项工程的施工任务；编制季度、月、旬作业计划，并控制其执行，完成规定的目标等。

11.3.3 进度管理方法

1）组织措施

组织是目标能否实现的决定性因素，为实现项目的进度目标，应充分重视健全项目管理的组织体系。在项目组织结构中，应有专门的工作部门和符合进度控制岗位资格的专人负责进度控制工作，这些工作的主要工作环节包括进度目标的分析和论证、编制进度计划、定期跟踪进度计划的执行情况、采取纠偏措施以及调整进度计划。这些工作任务和相应的管理职能应在项目管理组织设计的任务分工表及管理职能分工表中标示并落实。

2）管理措施

该措施涉及管理的思想、管理的方法、管理的手段、承发包模式、合同管理和风险管理等。在理顺组织的前提下，科学和严谨的管理显得十分重要。

用工程网络计划的方法编制进度计划，必须很严谨地分析和考虑工作之间的逻辑关系，通过工程网络的计算可发现关键工作和关键路线，也可知道非关键工作可使用的时差，工程网络计划的方法有利于实现进度控制的科学化。

另外，承发包模式的选择直接关系到工程实施的组织和协调。为了实现进度目标，应选择合理的合同结构，以避免过多的合同交界面而影响工程的进展。工程物资的采购模式对进度也有直接的影响，对此应作比较分析。

3）经济措施

经济措施涉及资金需求计划、资金供应的条件和经济激励措施等。为确保进度目标实现，应编制与进度计划相适应的资源需求计划（资源进度计划），包括资金需求计划和其他资源（人力和物力资源）需求计划，以反映工程实施的各时段所需要资源。通过资源需求分析，可发现所编制的进度计划实现的可能性，若资源条件不具备，则应调整进度计划。

资金供应条件包括可能的资金总供应量、资金来源（自有资金和外来资金）以及资金供应的时间。在工程预算中，应考虑加快工程进度所需要的资金，其中包括为实现进度目标将要采取的经济激励措施所需要的费用。

4）技术措施

技术措施涉及对实现进度目标有利的设计和施工技术的选用，尤其需要不断探索、推广和采用先进的施工工艺、工法、新材料及新设备。不同的设计理念、设计技术路线、设计方案会对工程进度产生不同的影响，在设计工作的前期，特别是在设计方案评审和选用时，应对设计技术与工程进度的关系进行分析比较。在工程进度受阻时，应分析是否存在设计技术的影响因素，为实现进度目标有无设计变更的可能性。

施工方案对工程进度有直接的影响，在决策其选用时，不仅应分析技术的先进性和经济合理性，还应考虑对其进度的影响。在工程进度受阻时，应分析是否存在施工技术的影响因素，为实现进度目标有无改变施工技术、施工方法和施工机械的可能性。

11.4 安 全 管 理

11.4.1 安全管理基础

1）安全管理内涵

安全管理是管理者对生产活动进行计划、组织、指挥、协调和控制的一系列活动，以保护员工在生产过程中的安全与健康。建筑安全管理是安全管理原理和方法在建筑领域的具体应用，它包括宏观的建筑安全管理和微观的建筑安全管理两个方面：宏观的建筑安全管理主要是指国家安全生产管理机构以及建设行政主管部门从组织、法律法规、执法监察等方面对建设项目的安全生产进行管理，它是一种间接的管理，也是微观管理的行动指南；微观的建筑安全管理主要是指直接参与对建设项目的安全管理，包括建筑企业、业主或业主委托的监理机构、中介组织等对建设项目安全生产的计划、实施、控制、协调、监督和管理。微观管理是直接的、具体的，它是安全管理思想、安全管理法律法规以及标准指南的体现，宏观的和微观的建筑安全管理对建筑安全生产都是必不可少的，它们是相辅相成的。

2）特点

建筑业的活动情况与其他行业的活动不同，建筑业的活动有着自身独特的性质，尤其是施工阶段的特点更加明显。建筑业安全事故发生的最终原因是建筑安全管理的不健全，而直接导致安全事故的易发，这与建筑业自身的特点有着不可忽视的关系。工业化建筑安全管理的特点见表11.8。

表 11.8　工业化建筑安全管理特点

特点	特点的主要内容
工业化建筑产品自身的不可移动性造成安全管理难度增加	由于建筑物的不可移动性，在生产施工中，施工机械、机具设备、建筑材料和施工作业人员都必须围绕着建筑物来进行。根据施工的流程持续不断地移动，各个机械、设备、材料和人员等流动性地周转使用。在这一过程中，作业环境与各种作业重叠和交叉，人的不安全因素、物的不安全状态和管理的不安全因素等相互作用影响，造成安全生产管理工作更加独特、更加复杂、更加多变
工业化建筑生产的流动性使安全管理更为复杂	建筑工人的生产是流动的，各工种的工人在一栋建筑物的各个分部流动，工人在一个工地范围内的各项施工对象之间流动。施工队伍从一个工地转到另一个工地，从一个建设区域转移到另一个建设区域，生产的流动和人员的大量流动使安全教育与培训跟不上，造成安全隐患大量存在，安全形势不容乐观
工业化建筑产品的多样性增加了安全管理的难度	因为建筑物在设计时不仅要考虑自身的结构安全持久性，考虑自身的使用功能，考虑到自身的经济价值，同时还要满足人们对其视觉美感的要求，所以建筑产品的种类形式也就与众不同。建筑产品所处的地理环境、气候条件等也会使建筑物的生产过程等存在较大差异。因此，建筑产品的多样性造成了建筑安全的多变性
工业化建筑安全管理过程复杂、综合性强	对于工业化建筑来讲，在生产作业中同工种但在不同的作业时段和不同的作业部位，则其工作内容不同。同工种但不同的施工现场，则其工作内容也不同。建筑生产作业是个多工种的综合复杂的作业。建筑生产作业需要专业队伍、材料、运输、劳动等多方面的配合协作，从而使建筑业易出现安全事故等问题
安全生产条件差异大，影响建筑安全管理的因素多	施工现场的天气变化如冬季、雨季、台风、高温等都会给建筑生产带来安全问题，尤其是恶劣的天气情况对建筑安全生产造成很大威胁。建筑生产的技术特点和社会特点，如结构类型、技术要求、材料质量、物资供应、运输、协同作业等都会造成建筑生产作业的预见性差、不可控
施工人员素质差、劳力繁重、体力消耗大，是安全事故的重要隐患	工业化建筑的施工需要专业技术人员，但是目前施工人员多是来自农村或偏远山区的临时工，文化程度较低，安全意识薄弱，大多未经过专业培训，从而造成生产过程中存在较多的安全事故隐患

3）目标

明确的建筑安全管理目标能够激励建筑安全管理的参与者克服各种短期行为，从而实现科学的、有计划的管理。图11.2为建筑安全管理的目标体系。

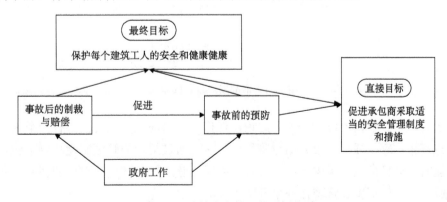

图 11.2　建筑安全管理的目标体系

（1）最终目标：保护每个建筑工人的安全和健康。

近来，科学发展观和以人为本的理念广为接受，我国的法规规定国家进行安全管理的最终目标应是保护每个建筑工人的安全和健康。例如，《中华人民共和国安全生产法》制定的目标是：加强安全生产监督管理，防止和减少生产安全事故，保障人民群众生命和财产安全，促进经济发展。

（2）主要任务：事故预防为主的安全管理。

政府要达到保护每个建筑工人的安全和健康这一目标，主要依靠以下三种方式，即事故发生后对责任人的制裁，对受害人的赔偿，以及事故发生前的事故预防。

无论是制裁责任人还是赔偿受害人，都是一种事后补救的手段，它们并不能使已发生的事情复原，可见事故预防更为重要。因此，全面的事故预防策略应该是最主要的解决安全问题的手段。

（3）直接目标：促使承包商采取适当的安全管理制度和措施。

在事故原因的统计分析中，当前世界各国普遍采用因果连锁模型。该模型认为伤亡事故发生的直接原因——人的不安全行为和物的不安全状态，是由其背后更深层次的原因——管理失误所导致的。此模型将事态发展分为三个阶段，初期是基本原因引导，中期为间接原因主导，最后发展为直接原因，以至形成意外事故，如图11.3所示。

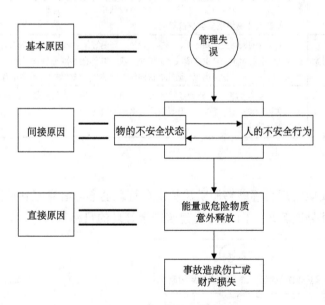

图 11.3 事故发生过程模型

基于上述事故理论可以得出如下结论：任何一种物的危险状态，必有一个以上的安全策略与其相对应；任何一个人的危险行为，必可通过组织的管理制度加以革除。政府安全管理的直接目标应该集中于：通过各种手段，营造一种环境，促进和帮助企业管理层采取适当的管理制度及管理措施来预防事故的发生。

11.4.2 安全管理体系

工业化建筑最主要的特点是改变传统的建筑生产方式,将工厂化预制构件由连接配件连接建成建筑物。所以工业化建筑的安全管理,具有同其他房屋一样的共有属性,但其独有的特征属性则是现有房屋安全管理体系不能囊括的,这需要将工业化建筑安全管理纳入房屋安全管理的大体系内,并针对其特点进行专门研究,以对房屋安全管理进行补充、完善和健全。工业化建筑的安全管理体系见表 11.9。

表 11.9 工业化建筑的安全管理体系

项目	原则	操作方法
标准规范的整合完善	强化建前预防管理,重视建后检测鉴定	技术标准的整合完善应考虑工业化建筑的特殊情况,既强化其在建设中的安全预防管理,还应重视其建成后的实体检测鉴定和动态观测
	既重视结构主体,又注重其他配套	从近年来发生的建筑安全事故来看,非结构因素间接引发和直接造成的事故占有很大比例。相关技术规范的建设明显滞后,如缺乏操作规程来监控建筑活动对结构的整体减弱;易漏部位、屋面、卫生间顶板、墙面、地下室的防水渗漏(潮湿)、给排水管沟、暖气管道等的检测方法以及补救防范措施缺乏相应的操作和质量检验规程;空调外机或附墙广告牌安装不当存在的次生安全隐患,也没有标准的安装规程
	与技术手段和经济发展同步跟进	随着我国国力的不断增强,单层、多层建筑逐年减少,小高层、高层、超高层、异型、超大体量建筑逐年增多;随着市场经济的发展,建设项目的投资体制、建筑物的经营使用模式也越来越多。目前已有标准不能完全适应房屋安全管理的需求,需要进行必要的研究整理、删除、增补、修订、调整、完善一些条款,加强鉴定技术的规范化、标准化,以适应发展变化
从业组织的规范管理	提高技术业务能力	近年来,我国的工业化建筑物虽然在发展,但从业单位和个人对工业化建筑物仍处于探索阶段,难以形成专业优势。以西安市为例,具备资质专业从事工业化建筑的施工企业极少。而实际建设业务由于缺少监管,业主缺乏专业知识和对行业的了解,所以选择的施工企业大部分是从事传统生产方式的工程施工的企业。因此,从建筑业的健康发展角度来看,工业化建筑技术业务知识的研究学习,对其更好地适应未来市场的需求显得非常重要和必要
	规范安全检测鉴定行业	规范安全检测鉴定行业,以市场化的模式来推进行业的发展,需要政府尽快推行和完善房屋安全鉴定机构的市场准入制度及鉴定人员执业资格制度,并制定相应的建筑物安全检测鉴定机构管理办法,以及参照勘查、规划、设计、监理等取费的模式制定收费指导标准。建筑物安全鉴定人员的执业资格必须达到相应的标准,如受教育程度、理论基础、工作经验与技术能力等,并通过国家考试取得,适时施行注册工程师执业资格制度
	发展培育总承包企业	推行总承包制度,由总承包企业对工业化建筑检测、设计、生产、建造统一完成,实行"交钥匙"工程,对推进工业化建筑有重要的实际意义和可操作性,统一的责任有利于提高项目的安全保障
其他相关机制的建立	工业化建筑安全管理信息系统	信息数据复杂而庞大,包含过程多、延续时间长,必须建立完善房屋安全信息系统进行管理。房屋安全信息系统既是城市安全防灾减灾信息系统的组成部分,也是工业化建筑管理系统的组成部分
	应急抢险机制	房屋安全管理应借鉴国外先进的经验,吸取现有科技成果,对多种潜在的安全事故提出适合于工业化建筑项目的应急原则和预案,研究各种灾害情况下人员的组织、调度、疏散或逃生安排等,建立科学高效的应急抢险机制
	安全科普教育	开展房屋安全教育可采取如下三种方式:一是建立安全管理信息系统,开放公共信息交流平台,便于民众随时查阅、咨询、自学相关知识;二是由政府主管部门和相关学术团体联合主办业余学校,组织民众开展安全技能训练、进行安全演习活动;三是要求各企事业单位、街办、居委会、物业公司建立专职或兼职房屋安全员制度,定期培训,并对该联络点负责组织宣传教育

11.4.3 安全管理方法

首先，根据事故致因理论，正确认识事故发生机理和规律；其次，运用预先危险分析法，对生产系统进行系统安全分析，正确辨识危险因素，并用 Manufacturing Execution System（简称 MES）方法对其风险进行量化；最后，运用故障树分析法，对事故进行系统调查，根据事故发生机理查找事故发生的前级原因，挖掘管理上的缺陷，形成反馈机制。

1. 事故致因理论

事故致因理论是研究事故如何发生以及如何防止事故发生的理论，是从大量典型事故的本质原因分析中所提炼出的事故机理和事故模型。对事故产生原因的研究不但可以明确安全生产管理的对象，使安全生产管理工作具有针对性，而且可以有助于指导事故原因的调查，为采取措施预防同类事故的再次发生提供依据。本书将对现有的主流理论进行研究，分析事故机理。

1）基于人体信息处理的人为失误事故理论

基于人体信息处理的人为失误事故理论把人、机、环境作为一个整体（系统）看待，研究人、机、环境之间的相互作用、反馈和调整，从中发现事故发生的原因，揭示预防事故的途径。所以，也有人将它们统称为系统理论。在这方面比较有代表性的是瑟利（Surry）模型，如图11.4所示。这种模型以人对信息的处理过程为基础来描述事故发生的因果关系，认为人在信息处理过程中出现失误从而导致人的行为失误，进而引发事故。

瑟利事故模型把事故的发生过程分为危险出现和危险释放两个阶段，每个阶段各包含6个问题，按感觉→认识→行为响应的顺序排列。在危险出现阶段，如果人的信息处理的每个环节都正确，那么危险就能被消除或得到控制；反之，只要任何一个环节出现问题，就会使操作者直接面临危险。在危险释放阶段，如果人的信息处理过程的各个环节都是正确的，那么虽然面临着已经显现出来的危险，但仍然可以避免危险释放出来，伤害或损害不会发生；反之，只要任何一个环节出错，危险就会转化成伤害或损害。

2）管理失误论

管理失误论也被一些学者称为现代因果连锁理论。这种观点认为人的不安全行为或物的不安全状态是事故发生的直接原因，必须加以追究。它的代表观点是博德的因果连锁理论和亚当斯的因果连锁理论。

（1）博德的因果连锁理论。

如图11.5所示，博德的事故因果连锁过程包括五个因素，具体理论见表11.10。

第 11 章　建筑工业化建造管理体系

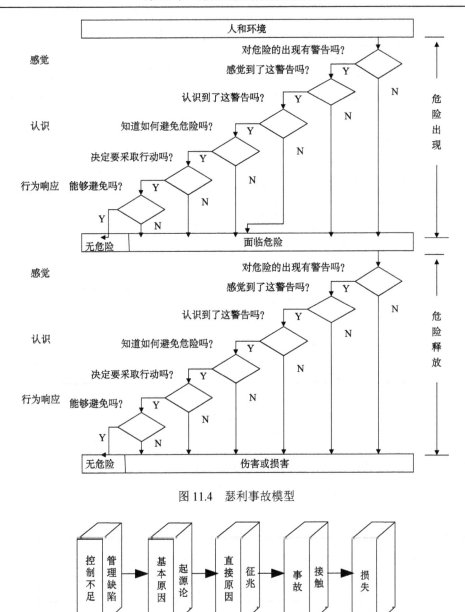

图 11.4　瑟利事故模型

图 11.5　博德的因果连锁过程

（2）亚当斯的因果连锁理论。

亚当斯提出事故的直接原因、人的不安全行为以及物的不安全状态称为现场失误。其主要目的是提醒人们注意不安全行为及不安全状态的性质。其模型如表 11.11 所示。

表 11.10　博德的因果连锁理论

事故因果连锁过程	基本理论要点	基本理论内容
控制不足——管理缺陷	安全生产管理是事故因果连锁中最重要的因素	控制作为管理的机能（计划、组织、指导、协调及控制）之一是安全生产管理工作的核心，这种控制是损失控制，包括了对人的不安全行为和物的不安全状态的控制
基本原因——起源论	基本原因包括个人及工作条件原因	个人原因包括缺乏安全知识或技能，行为动机不正确，生理或心理的问题等；工作条件原因包括安全操作规程不健全，设备、材料不合适，以及存在温度、湿度、粉尘、气体、噪声、照明、工作场地状况（如打滑的地面、障碍物、不可靠支撑物）等有害作业环境因素
直接原因——征兆	人的不安全行为或物的不安全状态是事故的直接原因	直接原因只是一种表面现象，在实际工作中要追究其背后隐藏的管理上的缺陷原因，并采取有效的控制措施，从根本上杜绝事故的发生
事故——接触	防止事故就是防止接触	可以通过对装置、材料、工艺等的改进来防止能量的释放，或者通过操作者提高识别和回避危险的能力，佩带个人防护用具等来防止接触
损失	人员伤害及财物损坏统称为损失	人员伤害包括工伤、职业病、精神创伤等

表 11.11　亚当斯的因果连锁理论模型

管理体制	管理失误		现场失误	事故	伤害或损坏
	领导者在下述方面决策错误或没做决策	安技人员在下述方面管理失误或疏忽			
目标	政策	行为			
	目标	责任	不安全行为		伤害
组织	权威	权威		事故	
	责任	规则	不安全状态		损坏
机能	职责	指导			
	注意范围	主动性			
	权限授予	积极性			
		业务活动			

　　该理论的核心在于对现场失误的背后原因进行了深入的研究，认为现场失误是企业领导者及安全工作人员的管理失误造成的。管理人员在管理工作中的差错或疏忽、企业领导人的决策错误或者没有做出决策等失误对企业经营管理及安全工作具有决定性的影响。管理失误反映了企业管理系统中的问题，即如何有组织地进行管理工作，确定怎样的管理目标，如何计划、实现确定的安全目标等方面的问题。管理体制反映的是作为决策中心的领导人的信念、目标及规范，它决定各级管理人员安排工作的轻重缓急、工作

基准及指导方针等重大问题。

3）能量转移论

1961 年由吉布森（Gibson）提出，并由哈登（Hadden）引申的能量转移论，是事故致因理论发展过程中的重要一步。能量转移论的基本观点是：事故是一种不正常的、或不希望的能量转移，各种形式的能量构成了伤害的直接原因。在一定条件下，某种形式的能量能否造成伤害及事故，主要取决于人所接触的能量的大小、接触的时间长短和频率、能量的集中程度、受伤害的部位、屏障设置的完善程度及时间的早晚等。依据能量转移论的观点，当具有能量的物质（或物体）和受害对象处于同一时空范围内，能量并未按人们希望的途径转移，而是与受害对象发生接触时，就造成了事故。事故模型如图11.6 所示。

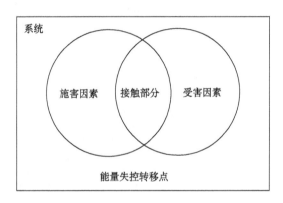

图 11.6　能量转移论模型

能量转移论给出了事故三要素，即失控的能量、能量转移的途径和受害对象。用能量转移的观点分析事故致因的基本方法是：首先确认某个系统内的所有能源；然后确定可能遭受该能量伤害的人员及可能造成的伤害的严重程度；最后确定控制该类能量不正常或不期望转移的方法。运用能量转移的观点分析事故致因的方法时，可以与其他的分析方法综合使用，用来分析、控制系统中能量的利用、储存或流动。

4）轨迹交叉理论

轨迹交叉理论强调人的因素和物的因素在事故致因中占有同样重要的地位。其基本思想是：伤害事故是许多相互联系的事件顺序发展的结果。这些事件概括起来不外乎人的不安全行为（人失误）和物的不安全状态（包括环境）两大因素发展系列。当人的不安全行为和物的不安全状态在各自发展过程（轨迹）中，在一定时间、空间发生了接触（交叉），使能量转移于人体时，就会造成事故。预防事故的发生就是设法从时空上避免人、物运动轨迹的交叉。其模型如图 11.7 所示。

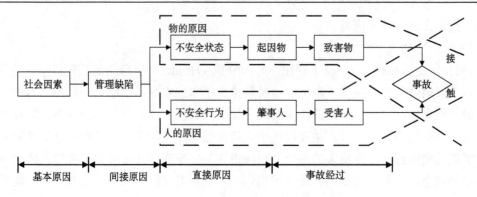

图 11.7 轨迹交叉理论模型

根据轨迹交叉理论，事故的发生、发展过程可以描述为：基本原因→间接原因→直接原因→事故→伤害。轨迹交叉事故模型如表 11.12 所示。

表 11.12 轨迹交叉事故模型

基本原因	间接原因（管理原因）	直接原因		
遗传、经济、文化、教育培训、民族习惯、社会历史、法律	生理和心理状态、知识技能情况、工作态度、规章制度、人际关系、领导水平	人的不安全行为	事故	伤害
设计、制造缺陷、标准缺乏	维护保养不当、保管不良、故障、使用错误	物的不安全状态		损坏

从事物发展运动的角度，这样的过程被形容为事故致因因素导致事故的运动轨迹。

2. 预先危险分析方法

预先危险分析（Preliminary Hazard Analysis，PHA），也称为初步危害分析，是在每一项工程活动（包括设计、施工、生产运行、维修等）进行之前，对系统可能存在的危险性类别、出现的条件、导致的后果等进行宏观、概略分析的方法。其目的是从设计和工艺上考虑采取安全措施，尽量防止采用不安全的技术以及使用危险性物质、工艺和设备。它的特点是把分析工作做在行动之前，避免由于考虑不周而造成的损失。一般预先危险分析是一种定性的分析方法。这种方法为实现事故的预先控制提供了指导思想。本节在预先危险分析法中，运用 MES 风险评价方法计算危害因素的风险值，形成可以定量化的预先危险分析方法。

定量化的预先危险分析方法包括以下步骤。

（1）确定分析对象。

（2）调查、熟悉分析对象系统情况。

（3）辨识系统危害因素。

（4）选择 MES 风险评价方法，计算危害因素的风险值，确定风险等级。

(5) 确定不可接受风险因素,研究防止事故的安全措施。

(6) 以危险分析表的形式展示其分析结果。

3. 故障树分析法

故障树分析(Fault Tree Analysis,FTA),又称为事故逻辑分析,起源于美国贝尔电话研究所,是系统安全分析中最广泛、最普遍的一种分析方法。它是从特定事故或故障开始,按照工艺流程的先后顺序和因果关系,逐层逐项往下分解其原因,直至找出所有原因事件的演绎的系统分析方法。特点是直观明了,思路清晰,逻辑性强。目前,故障树分析方法主要用在事前进行系统安全分析和事后安全责任的追究。故障树的分析步骤如下。

(1) 按照故障树的结构列出布尔表达式,进行化简,求出最小割集。

(2) 根据最小割集确定相关责任方。

(3) 求最小径集,确定预防方案。

(4) 对基本事件按进行结构重要度 排序。

(5) 根据最小径集确定可以控制事故的方案,结合重要度优选方案。

(6) 对基本事件按人、物的因素归类。

(7) 分析管理缺陷,完善管理制度或标准。

根据事故致因理论中的人因、物因运动轨迹,参照企业的管理现状和以往事故统计资料,调查分析直接原因后的管理缺陷,完善管理制度或标准。

11.5 绿 色 管 理

11.5.1 绿色管理基础

工业化建筑项目的绿色管理,主要是指在工业化建筑建设过程中,从设计、生产、运输、施工及装修这一建筑全寿命周期内,结合绿色建筑的标准要求,在满足新的使用功能要求的同时,最大限度节约资源(包括节能、节地、节水和节材)、保护环境、减少污染,为人提供健康、高效和适用的使用空间,与自然和谐共生,以此为基础形成的一种绿色理念以及所实施的一系列管理活动。从管理角度保证工业化建筑节约资源、健康舒适、回归自然的目标属性。

绿色管理的理论基础是环境经济学、可持续发展经济学、循环经济理论等体现新经济时代的新经济学,见表 11.13。

表 11.13 绿色管理的理论基础

项目	理论主要内容
环境经济学理论	经济发展和科学技术进步,既带来了环境问题,又不断地增强保护和改善环境的能力。要协调它们之间的关系,首先是改变传统的发展方式,要把保护、改善环境作为社会经济发展与科学技术发展的一个重要内容和目标
	社会生产力的合理组织。合理开发和利用自然资源,合理规划和组织社会生产力,是保护环境最根本、最有效的措施
	环境保护的经济效果:包括环境污染、生态失调的经济损失估价的理论和方法,各种生产生活废弃物最优治理和利用途径的经济选择,区域环境污染综合防治优化方案的经济选择,各种污染物排放标准确定的经济准则,各类环境经济数学模型的建立等
可持续发展经济学理论	可持续发展经济学的价值理论是建立在生态经济价值理论基础上的价值理论,提出资源环境价值不仅有利于当代人目前的经济发展,更有利于后代人的长远经济发展,使生态价值总量在长期发展过程中不至于下降和大量损失,保证后代人至少能获得与前一代人同样的经济福利
	可持续发展经济学的财富理论认为财富是由生态财富、人力财富、物质财富和精神财富四部分组成的。生态财富对于现代经济健康运行与可持续发展具有极其重要的作用,是一个社会、国家与地区的最基本财富
	可持续发展经济学的资源理论提出人类在分配资源和占有财富方面必须实现时空公平,不仅要保证资源在代内的公平合理配置,更要考虑资源在代际的公平合理配置,当代人不应为了自己的发展与需要而损害后代人满足需要的条件,要给后代人以公平利用资源的权利
循环经济理论	最大限度地优化配置自身资源,最大限度地提高自然资源的利用效率,以及最大限度地提高自然资源的利用效益,强调不需要消费更多的物资资源来实现经济增长,从而实现环境与经济的良性发展。即通过对建筑材料、能源、水、建筑废弃物以及生活废弃物等实现循环利用,提高资源的使用效率,同时减少对环境的污染,降低对环境的负荷
	循环经济实行的是 3R 原则:资源利用的减量化(Reduce)原则;产品的再使用(Reuse)原则;废弃物的再循环(Recycle)原则。循环经济要求遵循生态规律,合理利用自然资源和环境,在物质不断循环利用的基础上发展经济,使经济系统和谐地纳入自然生态系统的物质循环过程中,实现经济活动的生态化

11.5.2 工业化建造全过程绿色管理

1)设计阶段绿色管理分析

绿色设计是指绿色建筑设计及其全过程的保证措施。绿色设计是工业化建设项目绿色管理在设计阶段的核心。

绿色建筑设计是可持续发展观念在设计领域应用的创新思维,它要求业主和设计师在设计过程中更加注重建筑在施工与使用过程中与环境的协调、对资源的节约。从方法论的角度而言,其设计方法与传统的设计方法并没有本质的区别,现代建筑只是一个功能更为繁多、作用机制更加复杂的系统罢了。不同的是,长期以来由于建筑设计对经济效益与功能的追求而忽略了建筑对环境、资源的影响,而绿色设计在建筑设计上体现了可持续的思想,在设计过程中将人、建筑、环境资源与经济、功能并重,对建筑设计提出了更高的要求。

2）施工阶段绿色管理分析

绿色施工是指采用绿色技术进行施工的工业化建筑过程及其全程的保证措施。绿色施工是工业化建设项目绿色管理在施工阶段的主要内容。

绿色施工是将可持续发展的观念引入施工过程的创造性思想，该思想将环境战略置于施工过程的首位，持续地改进施工过程和施工产品，以增加生态效率，降低施工产品全寿命周期的环境风险。对施工过程，要求节约原材料，不使用有害原材料，降低能耗，减少废弃物的产出，对废弃物进行恰当处理；对施工产品，要求减少从原材料投入到施工产品最终处置的全寿命周期的不利环境影响。

以前施工通常以确保工期和节约造价为主，保护环境则处于从属地位，当工期和环保发生冲突时，就会出现破坏环境和影响居民生活的现象。所以，绿色施工不仅体现在施工方法上，更重要的是体现在施工理念上，应该使绿色施工的理念深入人心。

施工体系是一个系统工程，它包括施工组织设计、施工准备（场地、机具、材料、后勤设施等）、施工运行、设备维修和竣工后施工场地的复原等，因此，绿色施工的实现应贯穿于整个施工过程。

3）使用阶段绿色管理分析

工业化建设项目建成以后，建筑在运行中的管理一般由外聘的物业管理公司或业主自己负责。随着我国社会经济的不断发展，新建住宅小区、公共建筑一般都聘请专业的物业管理方进行管理，在此阶段绿色管理的内容也就转为物业绿色管理。

虽然随着绿色建筑的推广，人们对绿色建筑越来越关注，但这种关注，更多地集中在规划设计阶段，而对运行过程则有所忽略。其实，从建筑的全寿命周期考虑，建筑的决策与实施时间不过数年，而建筑的运营使用长达数十年，甚至上百年，其使用阶段占整个建筑生命期的90%以上。因此，针对我国的实际情况，要实现绿色建筑的目标，建立科学合理的使用管理策略，提高绿色建筑的运行管理水平也起着重要作用。只有运用合理、先进的运行管理策略，才能使绿色建筑成为真正意义上的绿色建筑；低水平的运行管理模式会缩短建筑的寿命，更会造成建筑功能和资源的极大浪费。因此，不仅要将绿色管理体现在规划、设计和建造阶段，更需要提升和优化运行阶段的管理技术水平与模式，并在运行阶段得到落实。同时针对建筑的各项绿色设计能否发挥作用，主要就在于建筑投入使用之后对其管理与维护情况。《绿色建筑评价标准》规定："对住宅建筑或公共建筑的评价，在其投入使用一年后进行。"也就是说，绿色建筑是否可以成为真正意义上的绿色建筑，也要看建筑在使用中的具体情况。因此，对投入使用后的建设项目也应该实行绿色管理。

4）拆除阶段绿色管理分析

绿色拆除是指在拆除建筑物的过程中采用绿色拆除技术及全过程的保证措施。绿色拆除是工业化建设项目绿色管理在拆除阶段的主要内容。由于拆除过程是建设过程的逆过程，也是继建设过程后又一次对地理环境的重大改变过程，所以在绿色施工中采用的措施、方法、原则同样可以运用在绿色拆除中。

目前,在建筑物拆除的过程中,存在如下一些问题。

(1) 建筑物拆除之后若不能及时重建或不再重建,往往以废墟的形式存在于原处,没有进行生态环境的复原作业,使生态环境遭受二次破坏。

(2) 拆除产生的建筑垃圾未经任何处理,便被运往郊外或乡村,采用露天堆放或填埋的方式进行处理,耗用大量的征用土地费、垃圾清运等建设经费,同时,清运和堆放过程中的遗撒和粉尘、灰砂飞扬等问题又造成了新的环境污染。

(3) 建筑材料的再生、循环利用有待加强。目前在建筑物拆除物中,仅对可以直接使用的部分进行了再次利用,而需要多次加工才能循环利用的部分往往进行抛弃处理。

11.5.3 工业化绿色管理方法

1) 基于绿色管理理论的工业化建筑工程项目管理与传统建筑工程项目管理方法的差别基于绿色管理理论的工业化建筑工程项目管理方法,与传统管理方法的最大差别在于,它是从节约资源、保护环境、注重和谐的角度去审视建筑工程项目管理活动的,并在此基础上提出一系列管理措施,关注建筑工程活动对资源环境的影响作用,并采取有效的管理措施使建筑工程项目建设产生良好的环境效益,见表11.14。

表11.14 两种管理方法的差别

区别	传统的项目管理	基于绿色管理理论的工业化项目管理
管理原则	只注重经济效益,而对工程建设所造成的环境代价和资源消耗过多、浪费严重等突出问题不重视	把实现良好的环境效益作为工程建设的重要目标,以确保环境质量为基本原则,主张在工程建设的整个过程中,都应采取节能环保措施,实现建筑业与生态环境的和谐、可持续发展
管理模式和组织架构	环境质量目标不明晰,环境管理机制欠缺,相应的措施不到位,方案也不够完善,导致环境质量管理成效甚微	有体制保障,建立符合绿色管理基本理论的管理体制。在管理层架构及相应的管理职责、管理措施方面,强化节约资源、保护环境质量的有关内容,并在实施过程中不断跟进、持续改进。应在建筑工程项目管理企业或有关建筑工程项目管理部门设立资源、环境评估部门或管理层,实行资源、环境管理责任制;做到资源、环境产权清晰,相应的管理部门及管理人员权责明确,措施到位
管理目标及其社会效益	保证企业利益的最大化	最终实现人口、资源、环境的可持续发展
经济社会效益	资源浪费严重,对生态环境的影响深远	重点考虑了建设过程中的资源节约和环境保护,使经济发展的速度与生态环境可持续有机统一起来,"注重从源头减少对环境的破坏",社会效益更加明显

2) 绿色管理的实施对策

(1) 建立绿色企业文化。

绿色企业文化是企业及其员工在长期的生产经营实践中逐渐形成的为全体职工认同、遵循,具有本企业特色的,对企业成长产生重要影响的,对于节约资源、保护环境及其与企业成长关系的看法和认识的总和,包括价值观、行为规范、道德风尚、制度法则、精神面貌等,其中处于核心地位的是价值观。绿色企业文化既是绿色管理的重要内容,也是企业实施绿色管理的前提。

(2) 制定绿色管理战略。

绿色管理战略是企业根据企业与自然、社会和谐发展,在促进社会经济可持续发展中实现企业可持续成长的理念,结合外部环境的变化和企业的实际情况,从总体上和长远上考虑成长目标,明确成长方向,并制定实现目标的途径和措施。制定绿色管理战略是企业长期稳定、持续实施绿色管理,避免一朝一夕短期行为,使绿色管理变成企业成长有力、持续、不可缺少的推动力量的保证,是企业采取节约资源、保护环境措施的纲领。

(3) 发展绿色组织结构。

绿色管理不仅需要全体职工有绿色意识,还需要有形的具体的职能部门来履行绿色管理的职能,需要设置相应的计划制定部门、执行部门以及监督部门。例如,在企划部门中设立绿色环保规划处、绿色认证研究部门、产品质量环保成效监督部门、绿色产品研发部门、绿色技术研发部门、绿色市场开拓部门等,使企业形成一个绿色管理的网络。

(4) 实行绿色设计。

绿色设计包括材料选购、生产工艺设计、使用乃至废弃后的回收、重用及处理等内容,即进行产品的全寿命周期设计,要实现从根本上防止污染、节约资源和能源。在设计过程中考虑到产品及工艺对环境产生的副作用,并将其控制在最小的范围内或最终消除。

(5) 进行绿色采购。

产品原材料的选择应尽可能地不破坏生态环境,选用可再生原料和利用废弃的材料,并且在采购过程中减少对环境的破坏,采用合理的运输方式,减少不必要的包装物等。

(6) 研究绿色技术。

在工业化建筑过程中,绿色技术贯穿于绿色生产的始终,是绿色生产的关键所在。企业应最大限度地研究并应用节约资源和能源,减少环境污染,且有利于人类生存的各种现代技术和工艺方法。

(7) 推行清洁生产。

清洁生产是绿色设计、绿色技术的综合实施过程,也是绿色管理的重点。

(8) 发展绿色营销。

绿色营销是企业绿色管理的一种综合表现,是一个复杂的系统工程,包括绿色产品、绿色价格、绿色渠道、绿色促销等。

(9) 开发绿色投资。

企业应抓住机遇,投入绿色环保项目,发展绿色产业,进一步提高企业的绿化程度。企业的发展不能仅局限于现有规模,应适当地开发新项目,增强企业实力,绿色投资可以作为企业绿色管理中的一个突破点。

（10）实行绿色会计。

在企业进行会计成本核算过程中，除了包括自然资源消耗成本，还应包括环境污染成本、企业的资源利用率及产生的社会环境代价评估，以便全面监督反映企业绿色管理的经济利益、社会利益和环境利益。

（11）执行绿色审计。

绿色审计对企业现行的运作经营，从绿色管理角度进行系统完整的评估，发现其中的薄弱环节，为开展绿色管理决策提供依据。这样既可降低潜在危险，又能比较准确判断绿色管理的投入，更重要的是有助于企业发现市场中的新机会。

第12章 BIM 与 RFID 技术在建造中的应用

装配式建筑的推行不但能够解决墙体裂缝、渗漏等质量问题，而且能提高建筑物的整体性、安全性、防火性和耐久性。但是装配式建筑全寿命周期管理也面临着困境。其一是现代建筑行业产业化建造过程涉及的预制构件种类繁多，项目参与方众多，信息分散在不同的参与方手中，在预制、运输、组装的过程中极易发生混淆导致返工；其二是在装配式建筑的施工过程中，各个构件的信息难以及时收集、存档，不宜查找，各参与方的信息难以共享及交流，导致对整个工程施工进度把握和管理的难度明显增加；其三是对于已经建好的装配式混凝土建筑，各个构件的信息也难以及时收集和处理，经常出现某一个构件的损坏或者不合格导致整个建筑损失的情况。而将 BIM 和 RFID 技术应用到装配式建筑全寿命周期管理中将有助于这些问题的解决。装配式建筑全寿命周期管理的两大核心技术为建筑信息模型（BIM）和无线射频识别（RFID）技术。

12.1 BIM 技术内涵

12.1.1 定义

BIM 的全称是 Building Information Modeling（建筑信息模型）是建立一个数字信息模型，能够在建筑项目从概念设计到运营管理的全寿命周期内，提供可靠的、可操作的共享数据。最早的 BIM 相似概念由美国的查克·伊斯曼博士（Chuck Eastman，Ph.D.）提出。

BIM 模型具备一定的可视化、协调性、优化型等优势。该模型储存了项目全生命周期的全部资料，以数字的形式展现建筑的物理、功能特性。它是贯穿建筑设计，建造，运营的一种全新的工作模式。通过 BIM 技术，建设项目的所有参与方（业主、设计、施工、监理、物业）均可以 BIM 模型为载体和依据，提取和编辑所需要的信息，减少了信息传递造成的理解误差与遗漏，保障了信息的无障碍传递，实现了各个参与方协同作业时信息的完整性与可靠性，确保了协同工作的高效性与准确性，提高了项目管理的科学性与合理性。

12.1.2 特点

BIM 技术主要具备如下五个特点。

（1）可视性。可视性对于建筑行业来说起到的作用是非常大的，BIM 技术在整个过程中都是可视化的，这种可视化可以在一定程度上帮助报表的生成，设计都可以在这种情况下进行，更加地符合建筑工程本身。

(2)协调性。BIM技术的协调性主要还是来自其可视性,对于建筑工程的信息模型可视化可以更好地协调各个建筑之间的碰撞问题。

(3)模拟性。模拟性并不是只能够模拟设计出的建筑物模型,BIM还可以对工程中的各个步骤都进行模拟。

(4)可优化性。BIM信息模型建立之后并不是一成不变的,而是可以根据实际状况进行调整优化的,这样就导致BIM能够更好地帮助建筑工程。

(5)可出图性。BIM技术并不仅仅可以构建建筑模型,而且这些模型的设计图纸可以通过BIM可视性的特点进行出图,制作出的图纸是在实际建筑构建的模型上绘制出来的,具备科学准确的特点。

12.1.3 应用优势

BIM技术在工业化建筑应用中的优势如图12.1所示。

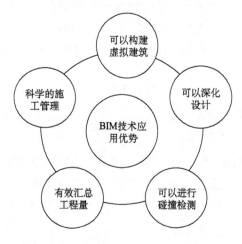

图12.1 BIM技术应用优势

1)可以构建虚拟建筑

BIM运用到预制装配式建筑中首先要做的就是建立BIM模型,建立BIM模型首先要对建模软件进行确定,当下BIM建筑的使用软件有许多,合理选择软件是更好地建立BIM模型的基本保障,在构建模型过程中要考虑到相关构件的具体参数,将其参数经过一定的技术处理,做成参数化的构建,这样就能够很好地提高建模的效率。建立模型的另一个好处就是可以进行虚拟建筑施工,虚拟建筑施工可以很好地对现有工程进行科学合理的模拟施工,这样十分有利于在预制装配式建筑的工程中发现问题,并及时地做出合理有效的方案,这样在一定程度上可以有效地防止预制装配式建筑在施工过程中发生问题,影响施工进度。

2)可以深化设计

在2D环境下,每一张图纸都是一个独立的项目,首先要对其进行平面绘制,然后进行立体图纸的绘画,最后根据项目的进展来进行图纸的优化。不断地修改再修改是建筑师工作繁重的重要原因,占用了建筑师过多的时间和精力。BIM 在图纸的设计和绘画上改变了这种状况,建筑师不再需要传统的进行建筑图纸的绘画,BIM 技术为建筑师提供了虚拟建筑,能够自动生成图纸,这就将建筑师的工作从怎样绘制出好的图纸变为怎样构建出好的虚拟建筑,相对而言,后者耗费的时间和精力要少于前者,主要原因就是建筑师可以随意地将虚拟建筑进行可视化的修改,简单直观,不需要建筑师在空间上进行想象。利用 BIM 技术,建筑师可以根据自己的需要随时生成任意角度的图纸,这并不是传统的图纸绘制可以达到的效果,这样可以极大地加快建筑师的工作效率和质量。而且 BIM 技术生成的图纸都是在建筑的材料、面积等相关基础之上进行数据处理后得出的。另外,这些图纸基本都是从信息的数据库中直接提出所需的资料,所有的图纸都是真实有效的。

3)可以进行碰撞检查

BIM 在预制装配式建筑中可以进行碰撞的检查,模型构建好之后,在观察模型的同时,既能够很好地加深对建筑的理解,也可以从一定程度上观察结构或节点的具体构成,能够精细到钢筋级别。楼内钢筋是否会发生碰撞,BIM 技术对图纸的自动生成可以很好地对其进行检验,钢筋节点密集处发生碰撞会对建筑施工造成一定的困难,会延误工期,BIM 在对建筑的图纸进行生成过程中,如果发生内部碰撞,图纸上会有明确的标准,十分有利于调整建筑方案。这是传统的建筑绘画图纸所达不到的效果。

4)有效汇总工程量

BIM 技术可以精准地统计虚拟模型中的工程量,并根据数据形成各种统计图表,各种信息都可以通过数据表达出来,BIM 技术的可优化性造成了可以对汇总工程量随时进行优化,这样可以在一定程度上帮助企业对建筑工程进度进行有效把握,工程负责人也可以根据汇总出的工程量有效合理地调整工程进度,这样十分利于工程的管理。这种优势不是传统的方式所不具备的,传统的工程量都是通过人员的统计进行的,这样就难免会发生工作人员记录上的问题导致工程量记录出错的问题。

5)科学的施工管理

在预制装配式建筑工程中使用 BIM 技术,可以实现对建筑工程进度的科学有效的管理,BIM 软件可以与 MS Project 进行同步的无缝链接,实现工程计划的导入和导出,施工计划经过 BIM 软件处理会显示成甘特图,这样可以很好地观察工程进度中的各个项目之间的各种数据。通过 BIM 软件中展示出的工程状态可以进行相应的设置,确定范围,进行工程的施工计划,软件可以对施工计划结合天气等客观因素来进行评估,能够得出是否能够按时完成计划的结论,如果不能够完成,就可以通过软件进行适当的施工计划的调整,可以说,BIM 技术在预制装配式建筑管理方面的应用要远远大于传统的管理模式对建筑的作用。

12.1.4 BIM 与预制装配式建筑契合

在传统的施工项目中，构配件的装配只能在现场进行，如果构配件的设计中存在问题，往往只能在现场装配时才能发现，这时采取补救措施显然会造成工期滞后，同时也浪费了很多精力。如果使用基于 BIM 技术的虚拟装配软件，则可以从设计结果的 BIM 数据中抽取一个个的构配件，并在计算机中自动进行装配，支持及早发现问题，及时补救，可以避免因设计问题造成的工期滞后。

随着建筑工业化的发展，很多建筑构件的生产需要在工厂中完成。这时，如果采用 BIM 技术进行设计，可以将设计结果的 BIM 数据直接传送到工厂，通过数控机床对构件进行数字化加工。对于具有复杂几何造型的建筑构件，可以大大提高生产效率。BIM 改变了建筑行业的生产方式和管理模式，它成功解决了建筑建造过程中多组织、多阶段、全寿命周期中的信息共享问题，利用唯一的 BIM 模型，使建筑项目信息在规划、设计、建造和运行维护全过程充分共享，无损传递，为建筑从概念设计到拆除的全寿命周期中的所有决策提供可靠的依据。BIM 应用于工业化建筑全寿命周期的信息化集成管理主要应用点如图 12.2 所示。

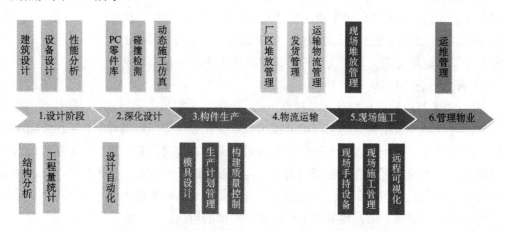

图 12.2 基于 BIM 的工业化建筑全寿命周期的信息化管理

12.1.5 BIM 技术应用案例

（1）工程概况。

万科住宅产业化基地热带雨林馆及万科工业化宿舍实验楼项目由植物园和员工宿舍两栋建筑组成，工程位于东莞市松山湖高新技术开发区万科研究基地内，总建筑面积 7408.33m^2。

热带雨林馆总建筑面积 3213.04m^2，地下 1 层，地上 1 层；建筑高度 23.10m（网壳最高点），主要建筑功能为热带植物的种植和栽培。其结构类型为地上钢结构/地下剪力墙结构，下半部分为混凝土基础，上半部分为大跨度三维双曲面钢结构网壳体结构，短向跨度

40m,长向跨度 80m,造型复杂。员工宿舍为非住宅类居住项目,总用地面积 9600m²,总建筑面积 3647.66m²,建筑占地面积 672m²,地上六层,其中首层、二层为架空层,建筑高度为 16.55m,局部高度为 21.40m。结构类型为预支框架-抗震墙结构,其中,结构、外挑阳台为预制混凝土构件,结构梁、结构楼板、除预制外剪力墙为现浇混凝土构件。宿舍楼预制构件范围为:二层以上结构柱,局部剪力墙,二层以上宿舍外墙,混凝土楼梯、钢楼梯、钢结构盒子,其构件采用轻质自隔热混凝土,钢结构盒子工厂预制、现场拼装;外挑阳台采用钢结构;宿舍房间内墙采用陶粒混凝土板条内隔墙(带空腔),安装完成后无需抹灰处理。

(2)BIM 模型的管理。

应用软件 Revit 建立项目的三维模型。植物园三维建模如图 12.3 所示。

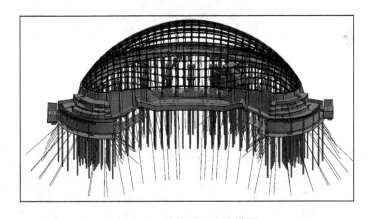

图 12.3 植物园三维建模图

基于 Revit 模型导入广联达软件进行算量,将模型量与二维手算量进行对比,将最后确定下来的模型导入广联达 5D 平台中。如图 12.4 所示。

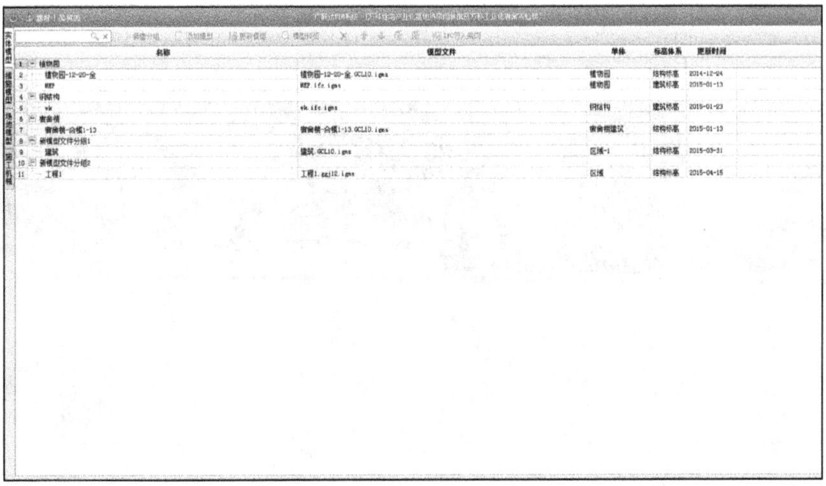

图 12.4 广联达 BIM 系统

其中包括植物园、钢结构、机电、宿舍楼模型。植物园全模型如图 12.5 所示。

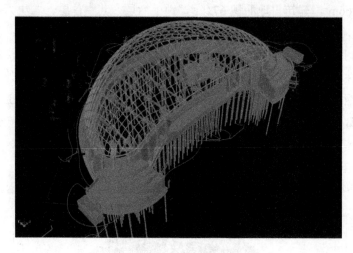

图 12.5　植物园全模型

在模型中选取任意一个构件，其进度、工程量、图纸、清单工程量等都可以在模型中查看。如图 12.6 所示。

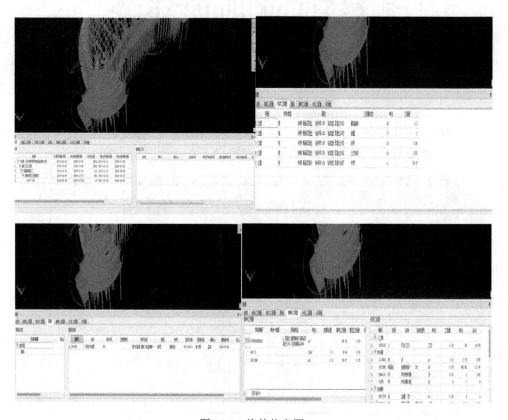

图 12.6　构件信息图

(3)质量安全检查。

现场如出现安全隐患或质量问题,现场人员可将问题上传平台之中,并对应相应人员处理。图 12.7 为现在桩基施工中的焊缝问题,并上传整改后的照片。

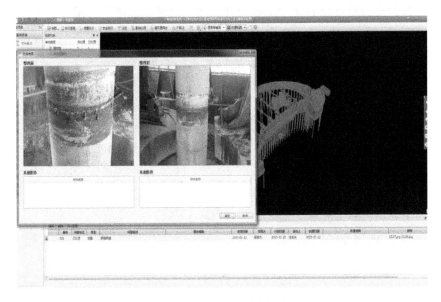

图 12.7　桩基施工中的焊缝问题

(4)进度管理。

在进度管理中,模型挂接项目进度计划之中可完成工程项目进度模拟。由于本项目模型可挂接工程清单,所以对应进度资金曲线也随之得出,可为直观的表现项目的资金流向(图 12.8)。

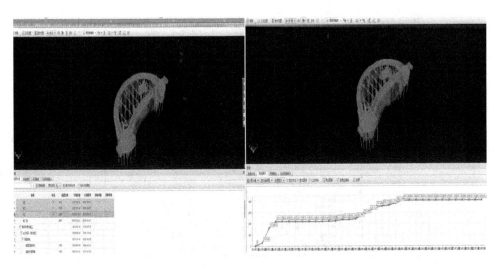

图 12.8　进度资金曲线

（5）成本管理。

在成本管理应用中，模型挂接项目清单，随之可完成模型各个构件的工程量，以及各构件所对应的人材机的价钱。

在 5D 平台中可以查询各个楼层、构件等的工程量、清单工程量、所对应的人材机资源量（图 12.9）。

汇总方式：按构件类型汇总

	专业	构件类型	工程量类型	单位	工程量
1	土建	垫层	底部面积	m2	1039.86
2	土建	垫层	模板面积	m2	93.57
3	土建	垫层	体积	m3	103.12
4	土建	独立基础	侧面面积	m2	797.24
5	土建	独立基础	底面面积	m2	0
6	土建	独立基础	顶面面积	m2	26
7	土建	独立基础	模板面积	m2	979.21
8	土建	独立基础	数量	个	26
9	土建	独立基础	体积	m3	304.43
10	土建	筏板基础	底部面积	m2	0
11	土建	筏板基础	模板面积	m2	42.92
12	土建	筏板基础	水平投影面积	m2	8.14
13	土建	筏板基础	体积	m3	7.33
14	土建	筏板基础	外墙外侧筏板平面面积	m2	8.14
15	土建	筏板基础	直面面积	m2	42.92
16	土建	基础梁	截面面积	m2	6.37
17	土建	基础梁	模板面积	m2	280.44
18	土建	基础梁	体积	m3	45.1
19	土建	基础梁	长度	m	217.51
20	土建	梁	脚手架面积	m2	1045.36
21	土建	梁	截面高度	m	48.35
22	土建	梁	截面宽度	m	15.3
23	土建	梁	截面面积	m2	10.55
24	土建	梁	截面周长	m	127.3
25	土建	梁	梁侧面面积	m2	289.9
26	土建	梁	梁净长	m	227.45
27	土建	梁	模板面积	m2	256.76
28	土建	梁	体积	m3	29.01
29	土建	梁	轴线长度	m	236.1
30	土建	楼梯	栏杆扶手长度	m	23.29
31	土建	楼梯	水平投影面积	m2	4.56
32	粗装修	门	洞口高度	m	2.16
33	粗装修	门	洞口宽度	m	2.37
34	粗装修	门	洞口面积	m2	5.13
35	粗装修	门	洞口三面长度	m	6.7
36	粗装修	门	洞口周长	m	9.07
37	粗装修	门	框外围面积	m2	5.13
38	粗装修	门	数量	樘	2

汇总方式：按资源汇总　人　材　机

	材料编码	类别	材料名称	规格型号	单位	工程量	单价	合价
1	0001001	人	综合工日		工日	3030.88	99	300058.95
2	0127001	材	金属材料	（摊销）	kg	215.91	3.68	794.56
3	0229031	材	麻袋		个	40.03	1.97	78.86
4	0401013	材	复合普通…	P.C 32.5	t	0	400	0
5	0401042	材	白色硅酸…	32.5	kg	0	0.59	0
6	0403021	材	中砂		m3	0	75	0
7	0409031	材	生石灰		t	0	219.3	0
8	0409211	材	羧甲基纤…		kg	0	26	0
9	0409321	材	石膏粉		kg	0	1.1	0
10	0429021	材	预应力混…	φ500	m	3887.14	139.5	542255.54
11	0503051	材	松杂板枋材		m3	9.93	1313.92	13042.82
12	1003001	材	金属踢脚线	（综合）	m2	0	185	0
13	1101241	材	腻子粉	成品（—…	kg	0	2.8	0
14	1111411	材	酚醛调和漆		kg	0	7.2	0
15	1141181	材	清油		kg	0	12	0
16	1141191	材	松节油		kg	0	7	0
17	1141251	材	桐油		kg	0	9	0
18	1143011	材	滑石粉		kg	0	1	0
19	1143181	材	大白粉		kg	0	0.2	0
20	1143201	材	乳液		kg	0	5.8	0
21	12001088	材	钢质防火…		m2	0	550	0
22	1241051	材	903胶		kg	0	9.91	0
23	1241181	材	腻子胶		kg	0	1	0
24	3033221	材	橡胶垫		kg	5.39	8.34	44.93
25	3115001	材	水		m3	1392.86	2.79	3886.1
26	8001431	设	含量：水…	1:2.5（制…	m3	0	0	0
27	8001541	设	含量：水…	1:1:6（制…	m3	0	0	0
28	8001546	设	含量：水…	1:2:8（制…	m3	0	0	0
29	8021379	设	含量：混…		m3	2794.88	0	0
30	8021902	商品砼	普通商品…	C15	m3	104.67	230	24073.01
31	8021905	商品砼	普通商品…	C30	m3	4.26	384.86	1641.28
32	8021906	商品砼	普通商品…	C35	m3	2838.18	397.66	1049097.01
33	8021907	商品砼	普通商品…	C40	m3	37.44	295	11046.25
34	9946001	机	折旧费		元	54505.45	1	54505.48
35	9946011	机	大修理费		元	12927.86	1	12927.85
36	9946021	机	经常修理费		元	51997.18	1	51997.2
37	9946031	机	安拆费及…		元	810.68	1	810.67
38	9946051	机	柴油	（机械用）0#	kg	3836.97	8.71	33419.95
39	9946071	机	电	（机械用）	kw·h	1078.92	0.93	1003.42
40	9946111	机	其他费用		元	2981.28	1	2981.29
41	9946131	材	其他材料费		元	867.2	1	867.19
42	9946606	机	机上人工		工日	191.41	99	18949.91

图 12.9　模型构件的工程量清单及价格

(6) 合同管理。

合同管理可将甲方下发的总承包合同记录，并在今后的施工节点中挂接模型进行业主报量，形成在平台完成合同提交（图 12.10）。

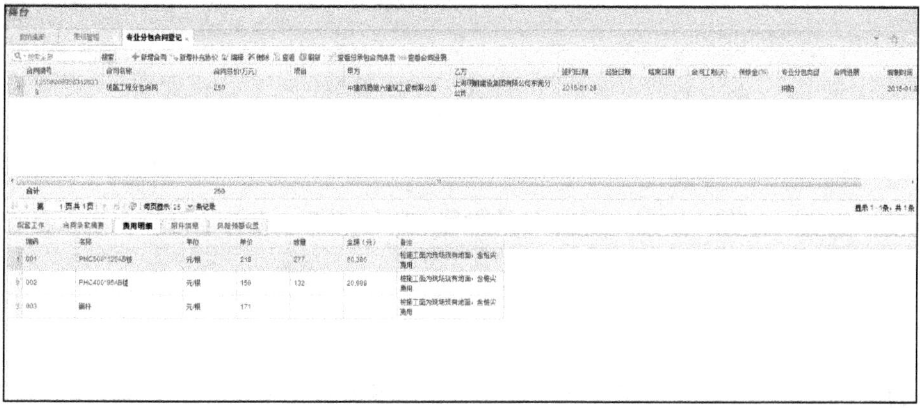

图 12.10　桩基合同管理

除此之外，还可以结合模型软件进行数据管理、进度日管理、图纸管理和综合管理等。

12.2　RFID 技术内涵

12.2.1　定义

无线射频识别（RFID）技术，是一种与生活息息相关的无线电波通信技术，该系统不需要与特定目标之间建立光学或者机械接触就能够通过无线电波识别特定目标，并显示其所包含的相关信息；其组成部分有应答器、阅读器、中间件、软件系统。RFID 技术主要有三个特点：其一是非接触式的信息读取，不受覆盖物遮挡的干扰，可远距离通信，穿透性极强；其二是多个电子标签所包含的信息能够同时被接收，信息的读取具有便捷性；其三是抗污染能力和耐久性好，可以重复使用。

12.2.2　特点

RFID 技术的特点主要可以概括为如下几点。

（1）快速扫描。

RFID 阅读器可以非接触的方式同时读取多个标签，缩短操作时间，提高工作效率。

（2）体积小，样式多。

RFID 技术对标签的形状和样式没有要求，可以开发满足和适用于不同产品、不同应用、不同情况的 RFID 标签。

（3）抗污能力和耐久性。

RFID 标签具有较强的抗污能力，可以有效抵御水、油、化学物质和其他物质的侵蚀，耐久性良好，RFID 标签可以反复使用很多次而不损毁。

（4）重复使用。

RFID 标签则可以重复使用，标签中存储的数据可以进行新增、修改和删除等操作。

（5）穿透性和无屏障阅读。

因为 RFID 是通过无线电波进行信息传送的，能够进行穿透性通信，几乎没有障碍可以阻碍。

（6）数据的记忆容量大。

RFID 有充足的存储空间，可以完全满足应用的需要，标签信息储存容量已经突破若干兆。

12.2.3 应用优势

RFID 的基本工作特点是阅读器与电子标签是不需要直接接触的，两者之间的信息交换是通过空间磁场或电磁场耦合来实现的，这种非接触式的特点是 RFID 技术拥有巨大发展应用空间的根本原因。另外，RFID 标签中数据的存储量大，数据可更新，读取距离大，非常适合自动化控制。与条形码技术相比，RFID 具有以下的优点。

（1）扫描速度快。

条形码每次只能进行单个扫描；而中高频及超频 RFID 阅读器可以同时读取多个 RFID 标签，业务效率明显提升。

（2）适应性较好。

传统条形码都是附着在物品的外包装上，特别容易受到损坏。RFID 标签形状多样化，可适用于不同的标识对象，而且比条形码有更好的抗污染能力和耐久性，对水、油污和化学药品具有很强的防腐蚀性。另外，RFID 标签数据读取不受形状、尺寸的影响，不像条形码为保证读取精度而对纸张的尺寸和印刷质量进行控制。

（3）穿透性好。

RFID 信号可以通过各种有机材质，如木材、纸张、塑料等，而条形码必须在近距离、无阻碍的情况下才可以辨识，虽然金属材质对 RFID 信号会有一定的影响，但是特殊设计的超高频 RFID 标签已经可以某些程度上克服这个问题。

（4）可重复使用且数据存储量大

目前条形码印刷完毕后是无法更改的，但是 RFID 的标签则可以重复使用，可读写标签可以对 RFID 内的信息重复地修改、更新。现在一维条形码的存储容量是 50B，二维条形码的最大容量可存储 2~3KB，而 RFID 的最大容量有几兆，而且随着存储载体的发展，其数据容量也有不断扩大的趋势。

12.3 技术在建筑全寿命周期管理中的应用

BIM 和 RFID 技术在预制构件中的创新性应用主要体现在运输阶段、现场施工阶段以及运营维护阶段，具体操作流程如图 12.11 所示。

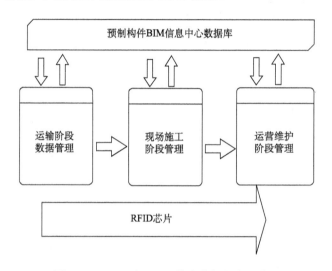

图 12.11　BIM 和 RFID 技术的创新应用流程

1) BIM 和 RFID 技术在运输阶段的应用

预制构件在工厂制造完成后，向其植入特制的含有与之相关的各种信息的 RFID 标签，目的是方便对预制构件在运输、存储、吊装、运营维护过程中进行管理。首先 RFID 标签编码的原则是唯一性，保证每个构件单元对应代码标识的唯一性，保证每个构件在生产、运输、吊装运营维护等过程中的信息准确无误，有效地解决了因混淆而导致返工的问题；其次标签也具有可扩展性，一般要预留出可扩展区域，为可能出现的其他属性信息预留充足的存储空间；最后标签也有具体含义来保证编码卡的可操作性和简易性，构件的类型和数量全是提前计划好的，且数量不大，使用具有具体含义的编码可以使编码的可阅性得到提高，有利于数据处理。将 RFID 标签中的信息传输到 BIM 系统中进行判断和处理，并合理安排施工顺序、规划构件运输顺序、运输的车次、路线等，对于精益建设中的零缺陷、零库存理想化目标实现非常有利。同时施工现场的实际进度等相关信息能即时被反馈到预制构件生产工厂，工厂再根据反馈来的施工现场进度信息调整构件生产计划，使待工待料出现的概率几乎为零，然后工厂将调整计划的信息传递给施工现场，实现信息共享，有利于工程顺利进行。

2) BIM 和 RFID 技术在现场施工阶段的应用

RFID 阅读器迅速识别并读入进入施工场地的构件，然后通过施工场地无线网络把预制构件中的芯片所包含的信息上传至控制中心；控制中心根据 BIM 系统中的信息指挥构件进入吊装中心进行存储，并把相应的信息发送给吊装中心；吊装中心根据接收到的信息对预制构件进行吊装；然后 RFID 阅读器阅读、识别吊装后的预制构件，并通过无线网络把信息反馈给控制中心，控制中心进行核实并对 BIM 系统进行更新，如图 12.12 所示。在此阶段，主要以 RFID 技术随时追踪和监控预制构件的储存与吊装，以施工现场的无线网络为媒介及时地传递相关信息，同时把 RFID 与 BIM 相结合，保证信息完整，加速信息传递，减少了人工参与，在入口处安置 RFID 阅读器即可，只要限制运输车辆进入场的速度，便能采集数据，不仅提高了效率、减少了人工操作，而且降低了成本。

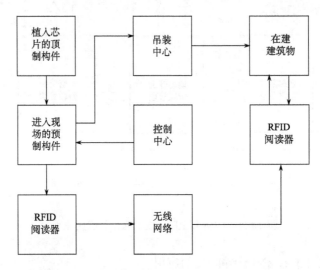

图 12.12　BIM 和 RFID 技术在现场施工阶段的应用

3）BIM 和 RFID 技术在运营维护阶段的应用

在运营维护管理过程中，建筑物使用情况、财务状况、容量等所有即时信息均可被 BIM 物业管理系统随时监测到；还可以将预制构件所包含的所有信息输入并存储到 BIM 物业管理系统中，这样建筑物中的所有构件和各种设备的运行情况就可以即时被掌握，及时发现和处理损坏或不合格的预制构件。依靠 BIM 文件来实现建设工程施工阶段与运营维护阶段的无缝衔接，并且提供运营维护管理过程所需全部信息。同时，在预制构件的改扩建过程中，应用 RFID 标签和 BIM 数据库，可以及时准确地将内隔墙、厨卫设备、管线等预制构件安装到对应的房间中，针对建筑结构的安全性、耐久性进行分析与检测，避免结构损伤；当建筑物寿命期达到预定使用期限时，还可以运用 RFID 标签和 BIM 数据库中的各种信息来判定一些预制构件能否循环使用，这样不仅可以减少材料的使用、能源的消耗、环境的污染，而且可以响应我国可持续发展的战略。

12.4 技术在预制装配式住宅中的应用案例

1）项目概况

浦江基地保障房工程项目的占地面积为 20601m²，建筑总面积 51398.82m²，其中地上部分 43961.78m²，地下部分 7437.04m²。它的结构为框架-剪力墙结构，采用装配式施工，装配的预制构件率为 50%～70%。

2）制造运输阶段 BIM 和 RFID 技术应用

作为一个保障房项目，浦江基地工程项目采用预制装配式技术。在预制构件的生产和运输阶段，生产厂家面临着众多预制构件的图纸存放混乱及计划、生产、供货的挑战，同时要保证预制构件相互间的碰撞检查细度要精确到钢筋级别。因此，在预制构件生产过程中，该项目相关生产厂家通过 BIM 模型提取和更新构件制造过程的信息，实现了模具设计自动化、生产计划管理、构件质量控制。同时，借助 BIM 模型使该项目各参与方也都能及时准确地掌握预制构件在全寿命周期的信息。RFID 将虚拟的 BIM 模型与现实中的预制构件生产联系在一起，实行集约化管理，也使预制构件有属于自己的身份证。解决了该工程项目由于预制构件种类繁多，在装载和运输的过程中易发生混淆的问题，从而实现浦江基地保障房工程项目精益生产的目标。

3）建造施工阶段 BIM 和 RFID 技术应用

浦江基地保障房工程项目采用了预制装配式的结构施工设计，仅依靠平面图纸指导施工，不仅易使施工人员产生交流障碍，还会出现在安装过程中预制构件的混淆和搭接错误等问题。如发生返工，既耽误工期又会造成经济损失。因此，上海城建集团通过 BIM 技术将施工进度数据模型与施工对象相连接，在 3D 模型数据库的基础上产生 4D 可视化模型。同时，通过利用 RFID 技术，指导施工现场吊装定位、查询构件属性等步骤会得到充分实现，并把竣工信息录入数据库，以便施工质量记录随时能被追溯，使浦江基地保障房工程项目在施工阶段可以快速准确地定位构件，高质量地安装预制构件。正是通过 BIM 与 RFID 技术的结合运用，混凝土预制构件在计划、生产、运输、储存、吊装以及施工过程中的控制状况以三维的形式充分展示出来，防止找错构件或者找不到构件的情况发生，提高了该项目施工过程中的质量管理、安全管理和信息管理，明显缩短了工期。

4）运营维护阶段 BIM 和 RFID 技术应用

浦江基地保障房工程项目建设完工后，会将所有预制构件的信息都存储到同一个 BIM 管理系统，把原来的决策系统、离散控制系统和执行系统整合在 BIM 系统管理平台上，使楼宇的自动化系统、物业管理系统、财务系统、资源管理系统等得到有效的控制，方便运营维护管理。

5）应用的困难

（1）相关技术标准不完善。

关于 BIM，国外相关的技术标准较为完善，国内则比较欠缺，到目前为止，由官方发布的仅有意见稿，一些地区发布了地方性的实施标准，但通用性不足，没有统一的实施方案。

（2）行业认可度低。

对于 BIM 和 RFID 等现代信息技术，国家大力支持，但行业内的认可度较低。设计院、施工单位等考虑自身利益，不愿意使用；业主是 BIM 和 RFID 技术的最大受益者，由于到目前为止还没有具体的收益数据，未来收益的多少存在风险，业主在现实的利益面前不愿意冒这种风险。

（3）信息不流通。

我国建筑业分设计、施工、运营维护等多个阶段，各阶段又分为设备安装等多个专业，各阶段各专业的利益主体不同，相互间的利益关系不一样，各利益主体间为了最大限度地保护自己的利益，不愿意将自己的信息共享，这在很大程度上阻碍了信息的流通。

6）应用的建议

（1）出台 BIM 和 RFID 技术在装配式建筑施工过程管理中的应用标准。BIM 和 RFID 技术推进信息交流和共享，BIM 标准的制定需要政府和整个行业的共同参与。此外，要将 RFID-BIM 应用到施工过程管理中还需要更高层次的应用标准，这样才能满足行业应用需求。

（2）加大对 BIM 及相关软件的开发力度。我国 BIM 的发展尚处于初级阶段，除核心建模软件以外的其他 BIM 软件开发较少（如与 BIM 接口的软件），并不能达到现代信息技术真正意义上的集成、共享、协同、标准，这在很大程度上限制了 BIM 的发展，因此，加大 BIM 及其相关软件的开发力度刻不容缓。

（3）加强人才培养与持证上岗规定。我国 BIM 技术的发展尚处于初级阶段，RFID 技术在装配式建筑中的应用也处于设想阶段，我们需要一大批懂软件管理又精于装配式建筑的专业型人才，对人才进行统一考核，实行持证上岗。

（4）加强信息协作与信息共享。企业信息关乎自身利益，因此，企业一般不愿意共享自己的数据资源，这使得模型中缺少应用数据，降低了模型使用的价值。因此，政府或行业各部门一方面应鼓励专业间的信息交流；另一方面应加强信息管理，防止内部数据资源的流失，保护企业权益。

第13章 建筑工业化建造案例分析

13.1 上海世茂周浦项目

13.1.1 工程概况

1. 地理位置

本工程位于上海市浦东新区周浦镇西社区。北侧为康涵路,南侧为百曲港,西侧为林海路,东侧为渡桥路,项目现场如图13.1所示。

图13.1 项目现场

2. 建筑概况

地块总用地面积49369m², 由13栋PC高层住宅楼、1栋经济适用房及配套用房和一层地下车库构成,总建筑面积约119403 m²。其中地上16层,层高为3.015m,装修主体部分采用95mm×45mm的面砖饰面,一、二层外墙为涂料饰面。

3. PC结构概况

本方案所述的PC结构是指13栋高层中3~16层PC结构。本工程为剪力墙结构,PC为外墙围护预制构件,局部叠合梁。PC构件类型包括外墙、阳台、空调板、装饰柱;PC外墙窗框采用预埋方式;外墙保温做法为现场铺贴内保温;PC板防水做法为由外侧密封耐候胶、高低坎构造、内侧密封胶条构成防水体系;PC构件混凝土标号为C30。

1）1#、2#、3#、4#、5#、8#、10#、13#高层 PC 结构概况

（1）每栋每层预制外墙 22 块，其中包括预制凸窗和 PCF（Precast concrete facade，预制混凝土外墙板）预制板，3～16 层预制外墙共 308 块。单块构件起重重量为 0.61～4.75t，水平及竖向连接通过钢连接件相连。PCF 板厚度为 70mm，在其内侧需浇捣混凝土，混凝土浇捣厚度为 200mm。

（2）每栋每层预制阳台 4 块，3～16 层预制阳台板共 56 块。单块构件起重重量为 2.93t 和 3.33t 两种，水平连接通过钢连接件相连，阳台板内侧钢筋锚入现浇结构边梁及楼板中。

（3）每栋每层预制装饰柱 8 块，3～16 层预制装饰柱共 112 块。单块构件起重重量为 0.75～1.43t，构件上下两层预留插筋，插筋通过预留在上下两层阳台板内的预留孔灌浆相连接。

2）6#、11#高层 PC 结构概况

（1）每栋每层预制外墙 22 块，其中包括预制凸窗和 PCF 预制板，3～16 层预制外墙共 308 块。单块构件起重重量为 0.61～5.28t，水平及竖向连接通过钢连接件相连。PCF 板厚度为 70mm，在其内侧需浇捣混凝土，混凝土浇捣厚度为 200mm。

（2）每栋每层预制阳台 4 块，3～16 层预制阳台板共 56 块。单块构件起重重量为 3.18t 和 3.33t 两种，水平连接通过钢连接件相连，阳台板内侧钢筋锚入现浇结构边梁及楼板中。

（3）每栋每层预制装饰柱 8 块，3～16 层预制装饰柱共 112 块。单块构件起重重量为 0.91～1.73t，构件上下两层预留插筋，插筋通过预留在上下两层阳台板内的预留孔灌浆相连接。

3）7#高层 PC 结构概况

（1）每层预制外墙 18 块，其中包括预制凸窗和 PCF 预制板，3～16 层预制外墙共 252 块。单块构件起重重量为 0.61～4.63t，水平及竖向连接通过钢连接件相连。PCF 板厚度为 70mm，在其内侧需浇捣混凝土，混凝土浇捣厚度为 200mm。

（2）每层预制阳台 2 块，3～16 层预制阳台共 28 块。单块构件起重重量为 3.98t，水平连接通过钢连接件相连，阳台板内侧钢筋锚入现浇结构边梁及楼板中。

（3）每层预制装饰柱 4 块，3～16 层预制装饰柱共 56 块。单块构件起重重量为 1.15t 和 1.43t，构件上下两层预留插筋，插筋通过预留在上下两层阳台板内的预留孔灌浆相连接。

4）9#、12#高层 PC 结构概况

（1）每栋每层预制外墙 32 块，其中包括预制凸窗和 PCF 预制板，3～16 层预制外墙共 448 块。单块构件起重重量为 0.61～4.05t，水平及竖向连接通过钢连接件相连。PCF 板厚度为 70mm，在其内侧需浇捣混凝土，混凝土浇捣厚度为 200mm。

（2）每栋每层预制阳台 4 块，3～16 层预制阳台共 56 块。单块构件起重重量为 2.93t 和 3.16t 两种，水平连接通过钢连接件相连，阳台板内侧钢筋锚入现浇结构边梁及楼板中。

(3)每栋每层预制装饰柱 6 块，3～16 层预制装饰柱共 84 块。单块构件起重重量为 1.15～1.43t，构件上下两层预留插筋，插筋通过预留在上下两层阳台板内的预留孔灌浆相连接。

项目板块汇总表见表 13.1。

表 13.1 项目板块汇总表

项目板块汇总			
单体	凸窗及 PCF 墙板数量	阳台数量	装饰柱数量
1#、4#、5#、8#、10#	308 块	56 块	112 块
2#、3#、13#	286 块	52 块	104 块
6#、11#	308 块	56 块	112 块
7#	252 块	28 块	56 块
9#、12#	448 块	56 块	84 块

13.1.2 PC 结构施工概况

（1）根据本工程 PC 结构特点，钢筋混凝土结构施工与 PC 结构施工采用流水搭接穿插施工。在 PC 结构吊装完毕后移交土建单位进行钢筋模板混凝土施工。

（2）PC 构件由加工厂首先运至施工现场，运输车辆就近停靠在 PC 堆场旁侧，用塔吊将 PC 构件卸载至 PC 堆场的指定位置。在上层混凝土浇捣完毕并且强度达到 70%后，用塔楼从 PC 堆场起吊构件（凸窗及 PCF 板），完成吊装、定位、校正、加固等工序后，将施工作业面移交土建施工单位。当土建施工单位完成竖向钢筋绑扎及模板施工后，穿插进行阳台板吊装及固定工作，并预埋下一层支撑固定埋件。

13.1.3 施工现场总平面布置

1）施工道路及场地加固

由于 PC 运输车辆超长、超重，挂车总重约 45t，车长 15m，车宽 4m，汽车对地库顶板产生的均布荷载为 40kN/m²。所以在施工场地布置时必须合理规划场地：

（1）PC 运输车辆的转弯半径不小于 9m，道路宽度不小于 8m。

（2）对施工道路进行加固，加厚施工道路、加强道路配筋间距防止裂缝产生。见图 13.2。

（3）对设置在地下室顶板上的施工道路以及 PC 堆场进行加固，采用 900mm×900mm 间距的 HPB23548.5 钢管排架。

2）塔吊的合理布置

为了保证 PC 吊装的安全可靠性，以及 PC 校正、调整的精度与速度。在塔吊的选择上需要保证 1.2 倍的起重吨数余量，防止因为塔吊起重能力受限和塔吊大臂颤动等因素导致 PC 施工困难。同时塔吊的布置需要兼顾考虑 PC 车辆卸货点、PC 堆场、PC 安装施工等各项工况因素。

PC 构件的水平、垂直运输采用每栋楼布置的塔吊。在塔吊起重半径内，于 PC 车道旁就近布置不小于 $200m^2$ 的 PC 专用堆场。如图 13.3 所示。

图 13.2　PC 施工道路加固　　　　图 13.3　PC 堆场

PC 构件由运输车辆卸载后堆放于每栋楼的 PC 专用堆场，并按照指定顺序进行归类堆放（图 13.4）。

大临等设施沿用前期施工阶段的布置。

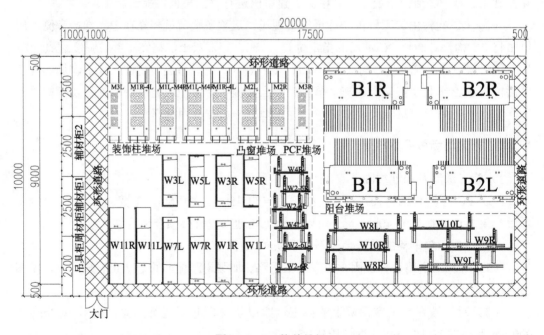

图 13.4　PC 构件堆场

13.1.4 PC 结构施工总体流程

PC 结构施工总体流程如图 13.5 所示。

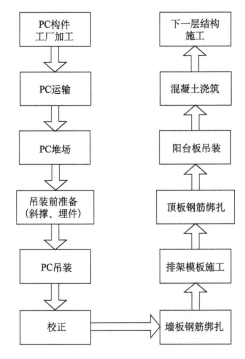

图 13.5 PC 结构施工总体流程

13.1.5 PC 结构施工准备

1. PC 结构施工前技术准备

PC 结构施工具有不可逆的特点，在施工时与各专业交叉作业，与设计单位以及 PC 加工厂需要紧密配合。在施工前需做的技术准备工作如下。

（1）熟悉、审查施工图纸和有关的设计资料。

（2）在施工开始前，由项目经理具体召集各相关岗位人员汇总、讨论图纸问题，设计交底时，切实解决疑难和有效落实现场碰到的图纸施工矛盾。切实加强与建设单位、设计单位、预制构件加工制作单位、施工单位以及相关单位的联系，及时加强沟通与信息联系。按照三级技术交底程序要求，对施工人员逐级进行技术交底。

2. PC 结构施工前物资准备

PC 构件通过 Q235 钢连接件（CL5、CL25a、CL25b、CL28）进行侧向及水平连接，并通过螺丝（CT3、CT5）和垫片（CP2、CP3、CP5）进行固定；斜撑通过预埋件（CZ7、CZ8）与楼板进行连接。安装用材料汇总表见表 13.2。

表 13.2 安装用材料汇总表

材料汇总表

项目	数量/个
CT3（30）	4872
CG5	106484
CM2	106484
CT5（60）	8064
CP2	616
CP9	616
CT3（50）	40992
CP3	40992
CP5	40992
CL5	1148
CL25a	14448
CL25b	280
CL28	4620
CZ0	0
CZ7	312
CZ8	156

3. PC 构件的堆放

PC 专用堆场由 6 个区域组成，分别为环形道路、周材及耗材货架、凸窗堆放区域、PCF 板堆放区域、阳台板堆放区域、装饰柱堆放区域。PC 堆场四周采用定型化围栏围护，与周围场地分开，围护栏杆上挂明显的标识牌和安全警示牌。PC 专用堆场平面布置图如图 13.4 所示。

其中，PCF 板采用竖放，使用 6#、10#槽钢焊接而成的专用支架，如图 13.6 所示，墙板搁支点应设在墙板底部两端处，堆放场地须平整、结实。PCF 板竖向放入专用支架后两侧用木楔顶紧。装饰柱采用平放，使用 6#、10#槽钢焊接而成的专用胎架，如图 13.7 所示，胎架顶端采用双拼 10#槽钢，沿槽钢通常方向外包 8mm 胶皮。PC 周材及耗材专用货柜由角钢 L100×10 焊接而成，水平向铺放木板隔离，如图 13.6 所示（图中数据单位为 mm）。

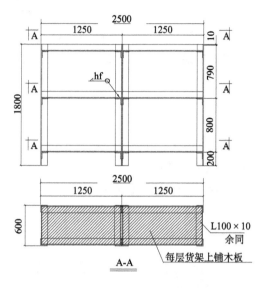
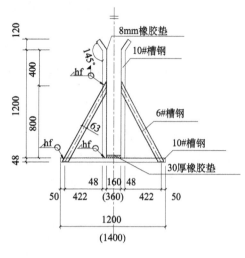

图 13.6 PC 材料货架　　　　　图 13.7 PCF 货架

13.1.6 PC 构件安装施工方案

1. PC 结构施工总体原则

首先，总包测量控制轴线，总包将控制轴线移交给 PC 施工班组后进行 PC 外墙板吊装和校正工作，同时，墙柱钢筋与 PC 施工相配合，流水作业进行绑扎。PC 外墙板吊装完毕后，将作业面交付土建及机电专业施工，进行电线盒定位、墙柱模板安装、排架搭设、梁底、侧模安装、楼面模板安装。待楼面模板安装完毕后，PC 专业分包穿插施工安装阳台板及装饰柱，并预埋楼板预埋件供下层斜支撑使用。最后，土建单位完成梁板钢筋绑扎和浇捣混凝土工作。

2. PC 结构施工流程

引测控制轴线→楼面弹线→水平标高测量→预制墙板逐块安装（控制标高垫块放置）→起吊、就位→临时固定→脱钩→校正→锚固件安装→防漏浆胶带铺贴→剪力墙部位构件连接片安装→现浇剪力墙、钢筋绑扎→机电管线、盒预埋→支撑排架搭设→阳台板、空调板安装→现浇梁、板钢筋绑扎→机电管线、盒预埋→混凝土浇捣。

3. 阳台板脚手架设置

本项目每栋每层预制阳台 2~4 块，3~16 层预制阳台共 196 块。单块构件起重重量 2.93T 至 3.98T 不等，水平连接通过钢连接件相连，阳台板内侧钢筋锚入现浇结构边梁及楼板中。当土建结构梁板排架及模板施工完毕后，在下层阳台板上需搭设 2.865m 高的排架，当排架搭设完毕后吊装校正阳台预制板。

PC 预制阳台板内楞采用 50mm×100mm 木方，间距 300mm；排架立杆采用 $\phi48\times3.5$ 脚手钢管，立杆纵横间距 800mm，步距 1800mm，楼板排架搭设高度 2.865m。为了保证阳台支撑整体性，阳台支撑的横杆必须与土建楼板排架相连。离地 200mm 处设置纵横扫地杆，横向扫地杆设在纵向扫地杆下方。

4. PC 吊装流程（图 13.8）

步骤一：装配式构件进场、编号，按吊装流程清点数量；
步骤二：各装配构件搁置点清理按标高控制线垫放硬垫块；
步骤三：对照轴线、墙板控制线逐块就位设置墙板与楼板限位装置；
步骤四：设置构件支撑及临时固定调节墙板垂直度；
步骤五：塔吊吊点脱钩，进行下一墙板安装，并循环重复。

图 13.8　PC 吊装流程步骤

5. PC 结构吊装顺序

PC 板块吊装总体原则是以每个单元平面端头第一块凸窗图 13.9 中①号板块 W11L）为起始点按水平连接顺序依次吊装 PCF 及凸窗板块（图 13.9 中②～㉒号板块），吊装完成后流水进行校正及加固作业。阳台和装饰柱板块等土建楼层模板排架施工完毕后即可吊装，首先灌浆安装装饰柱，后搭设排架，吊装阳台板灌浆相连（图 13.9 中Ⓐ～Ⓛ号板块）。

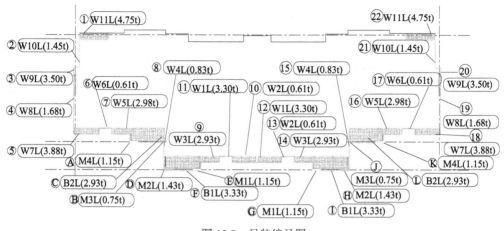

图 13.9　吊装编号图

6. 标准施工流程

第一天：测量放线、PC 外墙板吊装和校正、墙柱钢筋绑扎；

第二天：水电线盒定位、墙柱墙板安装、排架搭设；

第三天：梁底、侧模安装、楼面模板安装开始；

第四天：楼面模板安装完成、PC 阳台板安装、梁钢筋安装、板底筋安装；

第五天：水电管线预埋、墙柱板模板二次复测调整验收、楼面钢筋安装验收、混凝土浇筑。

7. PC 结构与现浇结构连接加固方案

本项目 PC 结构与现浇结构连接有 3 种类型，分别为凸窗与现浇结构相连、PCF 板与现浇结构相连、阳台板与现浇结构相连。

1）凸窗与现浇结构相连形式的加固

凸窗预制板通过预埋螺栓与现浇混凝土模板体系的围檩系统相连。凸窗预制 PCF 板内侧为现浇梁，需要将现浇梁下部内模板深入预制凸窗 80mm，模板下部用木方顶紧并增加梁下立杆，如图 13.10 所示。

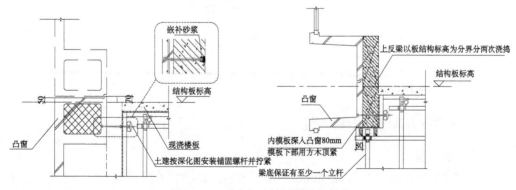

图 13.10　凸窗与土建结构连接节点

2）PCF 板与现浇结构相连形式的加固

PCF 预制板通过预埋螺栓与现浇混凝土模板体系的围檩系统相连。PCF 板内侧为现浇板，连接 PCF 斜支撑预埋铁件突出内墙模板。要求土建单位在斜支撑处内模板分别配置，并在其中一块模板上开槽避开预埋钢板，如图 13.11 所示。

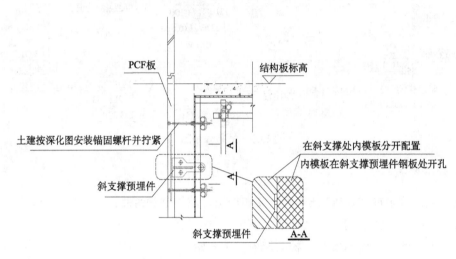

图 13.11　PCF 板与土建结构连接节点

3）阳台板与现浇结构相连形式的加固

阳台预制板搁置在排架上部，锚固钢筋锚入现浇结构梁板中。阳台预制板内侧为现浇梁，需要将现浇梁外侧模板木方（内围檩）横放并顶紧，在内围檩上设置厚 5×宽 80 防漏橡胶垫（单位：mm），如图 13.12 所示。

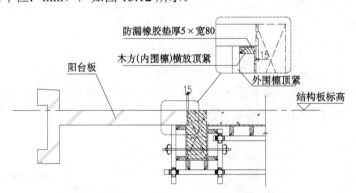

图 13.12　阳台板与土建结构连接节点

8. PC 结构防水及防漏浆措施

1）PC 板拼缝

本工程 PC 外墙板上下做成高低口，在下板的上口粘贴双面橡胶条。待上面一层外墙板吊装时坐落其上，利用外墙板自重将其压实，起到防水效果。同时，在板的内主体结构完成后，在橡胶条外侧进行密封胶施工。

2）PCF 板拼缝

由于 PCF 内侧还需浇捣混凝土，所以 PCF 板垂直缝处在构件制作时做一小凹槽，其内部放置 PE 填充条和橡胶条粘贴，以防止混凝土浇捣时产生漏浆。在主体结构施工完毕后进行密封胶施工。具体施工顺序为：PCF 板吊装前，首先在下面一层板的顶部粘贴好 20×30mm PE 条，然后在垂直竖缝处的填充条填充直径 20mm PE 条，最后在 PCF 结构之间粘贴橡胶皮，施工完成后再次进行密封胶施工。

13.1.7 PC 构件成品保护

（1）PC 构件出厂前，对易损构件如窗框等设置保护层或保护膜；

（2）PC 运输过程中，在 PC 构件与运输车辆接触面设置橡胶垫片防止运输过程中损坏；

（3）现场施工前，设计 PC 构件专用堆场及货架，货架与 PC 构件接触面进行软保护，以免面砖与货架相碰而造成脱落、损坏。

13.2 松江万科梦想派项目

13.2.1 工程概况

松江万科梦想派项目位于上海市松江国际生态商务区，总建筑面积 17.8 万 m^2。该项目由 15 栋 18～23 层住宅组成。其中 9 号楼、11 号楼、14 号楼采用预制模式，预制率约为 23.2%，预制构件有预制外墙板、预制阳台、预制空调板、预制梯段板等，预制装配率为 15.6%。松江万科梦想派项目效果图如图 13.13 所示。

图 13.13 松江万科梦想派项目效果图

13.2.2 项目关键技术

1. PC结构体系选择

住宅预制构件采用标准设计,根据住建部和上海市关于装配整体式混凝土住宅体系设计、装配整体式住宅混凝土构件制作、施工及质量验收相关规范标准,运用现代化管理手段,运用工业化生产流程在预制构件生产环节中整合保温、装饰功能,实现预制构件质量、功能符合建筑要求,施工现场以装配式施工为特点,加快施工速度,提高住宅产品的质量,减少大量现场湿作业,实现原材料和施工水电消耗的大幅下降,实现了住宅建设与环境保护的双重目标。

本工程采用预制剪力墙体系,即暗柱现浇与墙板预制方法,通过预制阳台、预制空调板、预制梯段板等构件,以标准化设计和工业化生产最大化地合理分布空间,提高预制效率,降低施工难度。基本上解决了现场施工工序多、材料浪费等技术难题;预制外墙与阳台避免了漏水现象的发生。图13.14为标准层预制构件拆分图,其中阴影部分为预制构件。

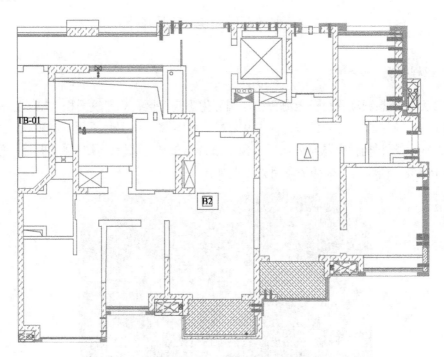

图 13.14 标准层预制构件拆分图

2. PC板材运输、进场堆放

1)运输

PC构件的运输主要以立运为主,运输时注意车速及板材的倾斜角度,如图13.15所示。

图 13.15　PC 构件的运输

2）进场及堆放

PC 板进场时进行三方验收（甲方、监理、总包），对板材垂直度、平整度、对角线尺寸及预埋点位进行核对。PC 堆场设置以方便吊装为原则，板材做到分类堆放。在堆放时注意板材边角的保护，避免碰撞导致构件的损坏。PC 构件的进场及堆放如图 13.16 所示。

图 13.16　PC 构件的进场及堆放

3. PC 构件安装及校核

本工程外墙预制件在工厂制作，运至现场后采用套筒连接，以专用斜撑固定，配套专用灌浆材料注浆，用混凝土统一浇筑完成安装施工。PC 板的吊装由总包进行施工，包括起吊、安装、校正、封堵、注浆等。如图 13.17～图 13.21 所示。

图 13.17　PC 板的安装

图 13.18　固定并安装斜撑

图 13.19　安装后校正

图 13.20　外墙连接件固定

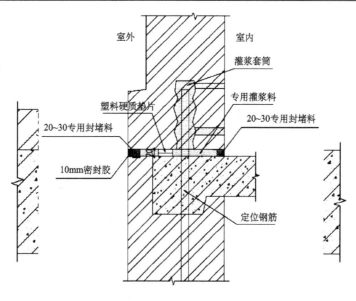

图 13.21 PC 板缝的处理

在 PC 板安装时,项目对特殊部位进行了优化,如图 13.22 和图 13.23 所示。

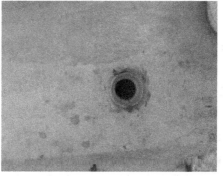

图 13.22 洗衣机排水管和地漏预埋点位

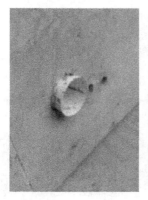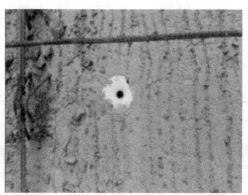

图 13.23 新风预埋套管和阳台照明点位

4. PC 脚手架的施工

本工程 1～16 层采用落地脚手架，底部 21m 双立杆，17～22 层采用悬挑脚手架。配合悬挑架施工，对工字钢位置进行排版并明确预留洞口大小及位置，对统一预制墙板预留洞口，与预制厂家协调确定预制墙板的制作尺寸等数据，在现场完成安装，如图 13.24 所示。

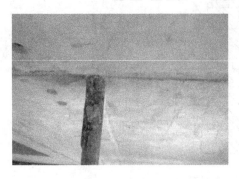

图 13.24　PC 脚手架施工

13.2.3　施工中遇到的问题

1）预埋插筋的套板

在 PC 首层施工时，预埋插筋与 PC 板预留套筒的连接难度较高。对现场预留插筋的定位精确程度要求很高。施工单位利用木方，通过在木方上打孔来确保插筋的定位。

2）预埋螺栓成品保护

PC 预制板内预埋螺栓成品保护未做到位，使得预埋螺栓内洞口堵塞。若堵塞严重则可能导致螺杆无法紧固，混凝土浇筑时容易造成 PC 板开裂或墙板涨模。

应对措施：与厂家协调，在螺栓孔使用泡沫条并涂刷黄油进行封堵保护，到场已堵螺栓孔采用拱丝进行清理，如图 13.25 所示。

图 13.25　螺栓保护措施

3）控制模板垂直平整度

由于本工程楼梯中间未留设楼梯井，故现场楼梯间净空尺寸及楼梯间墙面垂直平整度要求较高，若不达则标楼梯无法吊装。

应对措施：首先严格控制模板垂直平整度，对排架模板支撑体系进行验收。并在楼梯间部位设置顶撑来控制楼梯间净空尺寸，如图 13.26 所示。

图 13.26 楼梯间施工图

4）构件内钢筋预留与现场墙板插筋

PC 构件内钢筋预留与现场墙板插筋给吊装施工带来一定困难。

应对措施：在混凝土浇筑前，对墙板插筋设置定位箍筋，并在 PC 板上口弹设控制线，浇混凝土时安排专人进行看护，避免钢筋偏位。对于 PC 板材内的钢筋预留，与厂家进行沟通，板材内设置的暗梁钢筋尽可能往中间靠，特别是靠近现浇面的梁纵筋要避免设置在边缘部位，若太靠近边缘处则很可能与现浇部分的墙板插筋相互影响。如图 13.27 所示。

5）阳台预制板

阳台预制板格构筋及阳台预留钢筋位置偏低，导致上部 80mm 厚混凝土需加厚，否则会造成露筋。

应对措施：对 PC 阳台预制板上部现浇部分混凝土进行加厚，并与厂家沟通，要求对阳台预埋钢筋位置进行调整，如图 13.28 所示。

图 13.27　构件内钢筋预留与现场墙板插筋

图 13.28　阳台板施工图

6）排架模板支撑体系

平台模板移交后对阳台板进行吊装，本工程阳台板、空调板侧边存在 20mm 搁置，故对排架模板施工要求较高。

应对措施：对排架模板支撑体系进行验收，严格控制模板的垂直平整度，经验收合格后进行下道工序施工，如图 13.29 和图 13.30 所示。

图 13.29 预制阳台板和空调板

图 13.30 阳台板的搁置

13.3 万科云城项目

13.3.1 工程概况

该工程位于深圳市南山区，东临石鼓路，南为留新南路，西为规划路留新三街，北为留光路。8 栋施工总包单位是广胜达，设计院为华阳国际，监理方为中行监理，构件厂方是万友构件厂。万科云城项目效果图及工程平面图如图 13.31 所示。

图 13.31 万科云城项目效果图及工程平面图

8栋标准层预制率约为17%。预制构件种类有外围护外墙、内隔墙等5类，见表13.3。

表 13.3　预制构件种类及数量

标准构件种类	4+1（转角）
构件种类总量	82
标准层构件总量	36(3－7F)/44(8－24F)
全楼栋构件总量	968
模具数量	13

13.3.2　施工要点

1）标准层预制外围护结构及其连接

外围护构件水平缝连接和竖向缝连接如图13.32所示。

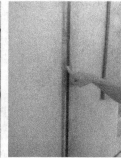

图 13.32　外围护构件水平缝连接和竖向缝连接

2）外墙安装

PC外墙安装方式为吊装+临时支撑固定，PC上部有预留插筋，与结构梁连接；PC之间采用结构柱、构造柱进行连接。PC墙板最大重量为4.63吨，采用一台TC7030B塔吊进行吊装，50m吊装半径可覆盖全部PC构件范围。3～7层每层36块墙板，8～24层每层44块墙板，每块墙板吊装平均用时20分钟，每层构件2天半吊装完毕，如图13.33所示。

图 13.33　外墙安装图

PC 安装工序展示：板面放线—标高调整—柱筋绑扎—定位螺栓、定位钢筋—水平缝防漏浆预处理—吊装+左右精调—斜支撑+前后精调—竖向拼缝处理—对位螺杆、锚固螺杆—铝膜安装—浇筑混凝土。

3）送料口

送料口如图 13.34 所示。

图 13.34　送料口

4）铝膜

铝膜如图 13.35 所示。

图 13.35　铝膜

5）防水企口

外墙连接防水设计处理措施为：将外墙上沿设计为内高外低企口的形式，如图 13.36 所示。

图 13.36　外墙连接防水设计

6）临时支撑

外墙安装用临时斜支撑及斜支撑的下端固定件如图 13.37 所示。

图 13.37　外墙安装用临时支撑及斜支撑

7）内隔墙板安装

内隔墙板安装如图 13.38 所示。

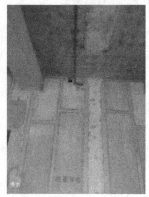

图 13.38　内隔墙板安装

8 栋采用的预制内隔墙为灰渣混凝土条板，由水泥、砂、粉煤灰、陶粒、细石、外加剂、水等原材料，经机械挤压、快干成型。

PC 安装工序展示：定位放线—板材运输—板材切割—堵孔、放抗震胶圈—挂浆—立板安装—调整挤浆—调平—顶部、底部、竖向拼缝填抹砂浆。

8）穿插施工

为提高施工效率，引入了穿插施工机制，在结构主体施工阶段即进行公共区域精装施工，缩短整体工期。具体布置见表13.4。

表13.4 穿插施工布置

楼层	室外施工	室内施工
N	主体结构施工	主体结构
N-1		拆模、垃圾清理、螺杆洞封堵
N-2		层间止水、排水立管安装、结构内墙打磨修补
N-3	PC局部修补	支撑拆除、墙板放线
N-4	安装玻璃、外墙打胶	电气配管、给水管安装、排水管安装、烟道安装
N-5		层间止水、内墙板、保温板安装、卫生间防水
N-6		公区消防管道、空调管道、水电管道
N-7		天花吊顶、墙面腻子
N-8		公区地砖、墙砖、架空地板
N-9		灯、洁具安装、入户门安装
N-10		保洁

注：阴影代表止水层。

13.4 西安万科城3号地廉租房项目

13.4.1 工程概况

西安万科城3号地廉租房项目总建筑面积为12294m^2，地下1层，地上32层，建筑总高度为90m。本工程设计使用年限为50年，钢筋混凝土框支剪力墙结构，抗震设防烈度为七度，建筑耐火等级为一级。地下室、外墙、厨卫间防水等级为一级，屋面防水为二级。地下室隔墙采用灰砂砖，其余砌体采用蒸压加气混凝土砌块。

本工程基础设计等级为甲级，采用沉管素土挤密桩处理地基，灌注桩承台基础，承台混凝土最大厚度为1.75m。钢筋采用一级钢、三级钢，钢筋最大规格为直径25mm。各结构部位混凝土强度等级为C45、C40、C35、C30，预制构件混凝土强度等级为C30。地下室剪力墙厚度为250mm，地上剪力墙厚度为200mm，梁截面宽度为200mm、300mm；最大梁截面200mm×800mm，楼板厚度为150mm、120mm、100mm。本工程除卫生间、走道板为现浇板外，其余楼面均为叠合板，楼梯为预制成品楼梯。

13.4.2 项目关键技术

1. 钢筋施工

（1）剪力墙钢筋。采用常规施工方法，为了确保墙体钢筋保护层的厚度不影响叠合板的吊装，在墙体混凝土浇筑面以下20cm处增加钢筋保护层塑料垫块，墙体竖向钢筋隔一设一钢筋保护层塑料垫块；竖向钢筋的定位采用专用焊接定位筋，确保混凝土浇筑时竖向钢筋的位置准确。

（2）梁钢筋。按照大模板配置图，对于梁钢筋先绑扎而混凝土未浇筑的梁钢筋，采用钢管顶撑，防止梁钢筋下垂过多，墙体混凝土浇筑后影响模板的安装，梁头采用梳子状模板封堵；对于钢筋后绑扎的梁，梁窝采用泡沫板封堵，混凝土浇筑后人工凿除，梁口弹线切除，确保钢筋的安装和梁口混凝土的浇筑质量。

（3）板钢筋。现浇板模板支设好及叠合楼板吊装完成后，开始绑扎底层钢筋，安装管线同步跟进，最后绑扎上层面筋，尤其注意叠合板与墙体、梁结合处及叠合板之间拼缝处的附加钢筋，不得遗漏。

（4）预制楼梯挑檐钢筋。预制楼梯挑檐封闭箍筋提前弯折（该处配置大模板），现场绑扎到位后在其表面覆盖2cm厚泡沫板；混凝土浇筑后将该处箍筋人工校正，绑扎水平筋后采用定型钢模，二次浇筑形成挑檐，预制楼梯吊装时，挑檐底模、侧模及其支撑不得拆除。

2. 模板施工

本工程基础至正负零采用木模板，正负零以上墙体采用大钢模，卫生间和走道板采用普通木模板，其余房间采用叠合板，楼梯为预制楼梯。

其中钢模板方案参见廉租房钢模板施工方案，钢模板高度为2820mm，为便于叠合板安装，混凝土浇筑高度控制在2800－150－20=2630（mm）；为确保砌体抹灰后与混凝土墙平齐，防止混凝土墙与砌体墙交接处出现裂缝，在部分大钢模边（与砌体接触的混凝土墙边）设置宽150mm、厚10mm的钢条，混凝土浇筑后形成企口。

本工程支撑全部采用专用镀锌钢管独立支撑（下部直径60mm，上部直径48mm，壁厚3mm，单根承载力不小于25kN），配置三层，上下翻转使用，共需730根。卫生间、走道板、悬挑等部位现浇楼板采用常规木模板施工，其余部位为叠合板。

叠合板下在钢支撑（跨度方向间距不超过1500mm）顶搁置主龙骨，主龙骨为10#槽钢，槽钢开口水平，槽钢的铺设方向与叠合板板缝方向垂直，在主龙骨上铺设叠合板。现浇楼板处在主龙骨（10#槽钢）上铺设方木，方木上铺设10mm厚竹胶板；梁的模板采用15mm厚镜面板，支模加固按普通木模板支设。为保证混凝土结构的外观质量，梁板次龙骨均采用50mm×70mm压刨处理方木，主龙骨采用无弯曲的新槽钢。

根据实验楼施工经验，廉租房模板工程采用以下节点方法。

1）主龙骨固定

在主龙骨（10#槽钢下翼缘）上钻孔（孔距 11.5cm，孔径 12mm，打孔位置根据独立支撑布置定位图），与定型独立支撑顶采用螺栓连接，可以保证槽钢在吊装时不倾斜，而且槽钢可作为各支撑的纵向连接，架体纵向水平拉结可取消，只需在房间两端设置横向拉杆，省工省料。独立支撑拉结示意图如图 13.39 所示，主龙骨与独立支撑顶螺栓连接图如图 13.40 所示。

图 13.39　独立支撑拉结示意图

图 13.40　主龙骨与独立支撑顶螺栓连接图

2）墙顶缝隙处理

叠合板与剪力墙顶部有 2cm 缝，用 5#槽钢加工制作定型托撑（图 13.41），利用大模板最上层螺杆孔，水平间距按照大模板螺杆孔间距（最大不超过 800mm），用方木背衬竹胶板封堵；同时在方木顶与叠合板接触部位贴双面胶带，确保接缝不漏浆，如图 13.42 所示。

图 13.41 定型托撑

图 13.42 方木顶部贴双面胶带

3）定型梁侧加固工具

根据结构平面图，识别各条梁的尺寸，并结合楼板厚度、卫生间降板等因素，设计各型号梁夹具，与定型支撑连接，形成梁支模体系，如图 13.43 所示。

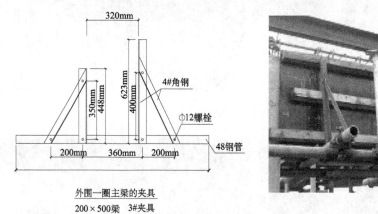
图 13.43 梁支模体系图

4）阴角处理

采用角部方木（模板）互相顶紧，外加角部增设斜向方木顶撑的方法，确保阴角方正，如图 13.44 所示。

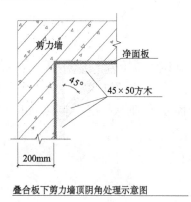

图 13.44 阴角示意图

5）楼梯间牛腿

主楼施工时提前加工定型小钢模，利用剪力墙螺杆孔支模加固，确保牛腿结构质量，基本保证牛腿混凝土观感与 PC 楼梯观感相一致。

6）卫生间降板模板

卫生间降板处采用定型模板，采用 6#槽钢加工而成，确保阴阳角方正、顺直，如图 13.45 所示。

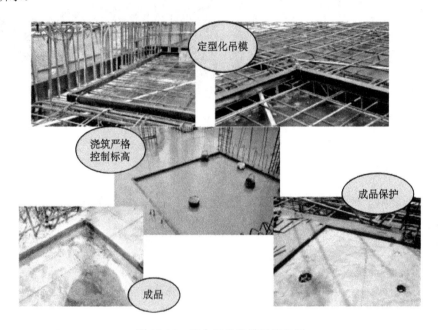

图 13.45　卫生间升降模板施工图

7）叠合板之间板缝处理

叠合板下部留有八字口，其处理措施有以下两种。

（1）打胶处理（弹性密封胶）。

（2）离缝处理：在叠合板之间留置一宽 2～3cm 的板缝，采用吊模处理，直接浇筑混凝土，如图 13.46 所示。

因距主楼叠合板首次吊装还有两个半月，期间观察两种板缝处理效果，再决定主楼板缝处理措施。

图 13.46 叠合板之间板缝处理

3. 混凝土施工

5 层以下采用车载泵布料，5 层以上采用布料机。布料机及泵管均布置在电梯井内，布料机加工定型支架，逐层向上提升。为确保混凝土浇筑质量，满足叠合板安装及美观要求，采取以下措施。

（1）选用技术水平高的工人，严格控制混凝土楼面的浇筑高度。

（2）墙体大钢模支设前，进行墙根处楼面标高复核，高处磨平，低处采用 M30 砂浆找平。

（3）墙体混凝土浇筑时，混凝土初凝前派专人复核墙体混凝土标高（2630mm），并及时修整。

（4）对于后绑扎的梁，梁窝留置整齐，墙体混凝土浇筑后，梁窝梁侧弹线切割，确保梁口横平竖直。

控制剪力墙顶标高采取以下措施。

（1）剪力墙浇筑前在墙体钢筋上标识出上层结构 50 线，并明确各段墙体混凝土浇筑标高，交底到操作工人。

（2）浇筑墙体混凝土，使墙体顶部混凝土标高误差控制在 2cm 以内。

（3）在墙体混凝土初凝后，指定一名责任心强、干活细致的混凝土工人采用定尺工具在墙体竖向钢筋和大模板之间的保护层部位来回刮平压光（内外侧均），确保墙体顶部混凝土标高和水平。定尺工具如图 13.47 所示。

第 13 章 建筑工业化建造案例分析

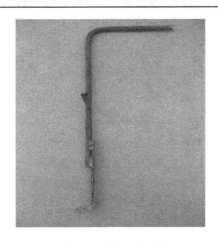

图 13.47 定尺工具图

4. 预制构件吊装

本工程的叠合板及楼梯为预制构件,根据现场平面、建筑高度及构件重量,采用 5613 型塔吊起吊,其中楼梯重量为 3.5 吨,叠合板最大重量为 1.5 吨。叠合板、楼梯吊装均采用吊梁起吊,吊梁采用两根 16a#槽钢背向焊接,吊耳采用 20mm 厚钢板,吊环为直径 20mm 的专用卡环,吊绳采用直径 22mm 的钢丝绳(叠合板吊装时的钢丝绳直径为 14mm),吊点处设 2 根 5m 长缆风绳。

墙体模板拆除后,按提前确定的吊装顺序进行吊装。

根据预制构件尺寸及吊点位置,吊梁的长度确定为 2.5m,吊梁的构件及加工图如图 13.48 所示。

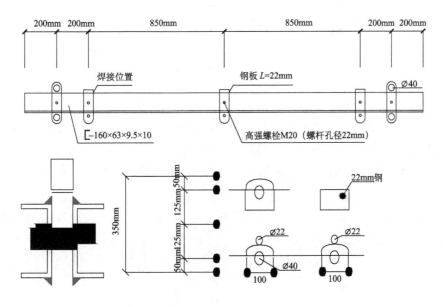

图 13.48 吊梁的构件及加工图

1）楼梯的吊装

吊装楼梯时，为了确保楼梯构件的水平度及防止楼梯损坏，需对楼梯构件进行调平，在吊装时一端采用钢丝绳，另一端采用钢丝绳加倒链（3t）。楼梯吊装流程如图 13.49 所示。

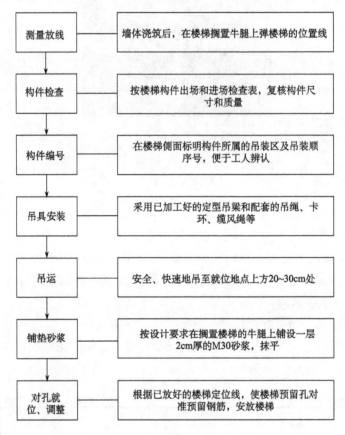

图 13.49　楼梯吊装流程图

楼梯吊装定位控制措施如下：采用直径 20mm 圆钢加工定型楔形角码，提前在楼梯牛腿两端（高、低端）搁置。吊装第一块楼梯从外侧向内侧"赶"，直至楼梯与定型角码紧密接触，楼梯方可解钩下落。吊装第二块楼梯时，在一侧（低端）搁置定型角码，另一侧弹定位线，吊装时低端与角码紧密接触，高端与定位线对齐，确保楼梯定位准确。

2）叠合板的吊装

叠合板也采用吊梁吊装，必须在吊点处吊装，四条钢丝绳长度一致，确保构件水平。叠合板吊装流程如图 13.50 所示。

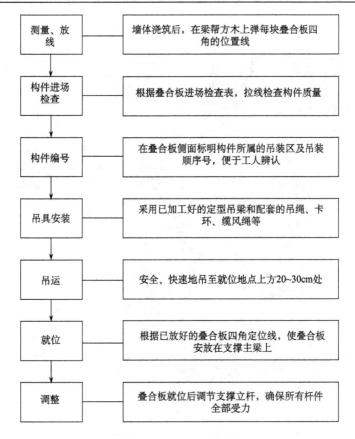

图 13.50 叠合板吊装流程

叠合板吊装控制措施如下：①楼层放线时，弹梁定位线，确保梁截面定位准确；同时梁尽量采用钢模板，控制梁截面尺寸。在叠合板吊装前，仔细校核房间净尺寸，避免出现大小头及其他尺寸偏差，及时调整。②吊装入位时，确保第一块板定位准确，其余板紧贴前一块板边入位，依次安装。

13.5 远大集团产业化基地

远大住宅工业集团股份有限公司是国内第一家从事建筑工业化体系研发和产业化应用的综合型规模企业。以工业化生产方式取代劳动密集型的手工方式，以工业物联的信息化加数字化管理方式取代传统的项目管理手段，以预制装配式干作业取代现场湿作业，通过适时适当的维护，延长建筑的使用寿命，提升建筑的品质。公司总部位于湖南长沙，在湖南、沈阳、安徽、江苏等地拥有10家世界级的研发制造中心，年产能可达1000万建筑平方米。

远大集团总部位于湖南省长沙市岳麓区银双路248号，拥有研究、设计、重装、制造等全产业链部门，建有现代化工业柔性流生产线，以绿色环保的方式生产工业预制部件，大幅提高生产率。基地建设如图 13.51～图 13.57 所示。

图 13.51 柔性流水线

图 13.52 工厂化钢筋制作

第 13 章 建筑工业化建造案例分析

图 13.53 混凝土布料及振捣

图 13.54 构件立体养护窑

图 13.55　PC 构件入库

图 13.56　梁和墙板

图 13.57　楼板和楼梯的运输

13.6　万科住宅产业化基地

万科于 2006 年 8 月在松山湖获取万科住宅产业化研究基地用地，如图 13.58 所示。目前基地规划用地 200 亩（1 亩≈666.7m²），由实验楼区、生产研究区、展示接待中心、景观研究区、内装研究区、辅助功能区等主要区块构成。基地的目标是建设成为国际领先的绿色生态基地，真正实现集合零碳、零能耗、零污水排放、零垃圾排放的最高生态目标。

东莞松山湖万科国家住宅产业基地是目前住建部已批准的 9 个国家住宅产业化基地中唯一的从事产业化技术研发的基地，是万科集团住宅产业化技术及产品的研发、培训平台，并与 10 多家国内外知名机构签订战略合同协议，共同推进住宅产业化工作，形成产业技术和产品研发的集群效应，将基地打造成中国 PC 住宅产业技术的硅谷。

万科住宅产业基地规划建设研究中心大楼、检测中心大楼、10 个专业实验室及 10 余栋的实验楼。目前，已建成 1 个专业实验楼、1 个技术试验场和 3 栋建筑实验楼，正在建设 100 多米高的国际最先进的、也是国内第一个高层住宅试验塔，研究中心大楼以及另外 2 个专业实验室也即将开工建设。基地现有研究人员 50 多人，产业工人 40 多人，国外专家近 20 人。

图 13.58 万科住宅产业基地概貌

1. 基地开展工作

成为国家住宅产业化基地后，万科集团将会加大对住宅产业化工作的投入。万科正在从以下三个方面开展工作。

第一，客户研究。以客户体验馆为平台向客户宣传住宅产业化技术并收集客户反馈；以万科物业收集、分析客户投诉；以产品品类部为主题进行市场与客户的研究。第二，技术研究和产品开发。以位于东莞松山湖科技园区的万科住宅产业化研究基地为平台，集合全球知名企业、研究机构的研发力量进行产业技术研究和产品开发。第三，技术应用。以集团 20 余家房地产开发公司为依托进行产业技术的项目应用，以三大区域的产业化研究中心为产业技术应用的技术支撑。作为住宅产业技术研究和工业化住宅产品开发的工作平台，东莞万科住宅产业化研究基地是一个开放的基地。

基地将集结三种类型的业务机构：第一类是各种专业技术和产品开发的研究所；第二类是各专业实验室；第三类是检测与认证中心。包括常规住宅产业技术与工程项目的检测与资质认可，中心具有国家和地方的检测资质与计量认证，有资格给合格的技术或者产品颁发合格证明。对以上三类，需要达到的目的就是形成中国的住宅产业技术"硅谷"，使基地像一个巨大的磁铁，吸引国内外顶尖的住宅产业技术研究机构和技术人员加盟进来，形成集中优势和集群效应。达到技术核心（各研发机构）更接近于市场应用（万科及其他技术需求者），市场更接近于技术核心的目标。

2. 万科住宅产业化基地组成

1）PC 车间

"PC"即 Prefabricated Concrete 预制装配式混凝土结构，PC 车间即预制混凝土车间。主要有三条生产线：模具加工制作、钢筋加工生产、混凝土浇筑，如图 13.59 所示。经过三条生产线生产出来的产品，分别是一栋住宅的各个部分，如外墙、梁、柱、楼体、阳台等等，运到施工现场经过安装、固定，便组成了房子。

预制混凝土生产实验室，主要用于改善预制构件生产质量和工艺流程。预制构件对钢筋加工精度要求非常高，按日本前田建设的企业标准，误差应该控制在 1mm 以内，但国内普遍在 5~8mm，有的甚至更高。在 PC 车间里，参照日本的生产方式，对工艺进行各项优化试验，使得预制构件能够方便地安装，不需将大量的时间花费在解决构件与构件之间的钢筋"打架"问题,同时将可以稳态生产的钢筋误差值作为万科的标准。

图 13.59　预制混凝土生产实验室

2）技术实验场

实验平台主要目的是检测 PC 构件、PC 框架、支撑设备等的实际运用功能。通过 1∶1 的拼装,工业化住宅的设计理念能直接迅速地反映出来。实验平台能实现大部分工业化住宅的节点工艺实验,工艺实验的验证将为以后进一步的力学实验和实验楼建造打下坚实基础。性能实验将与住宅性能相关的部品、技术在实验房或者平台上进行设计安装,记录测试结果,对技术进行对比分析,验证技术有效性,为其在住宅产品中的原理提供理论支持。万科已完成的实验包括自然通风实验、外遮阳研究等,正在进行的性能实验包括太阳能光电组件的对比测试、太阳能热水系统对比测试。技术实验场如图 13.60 所示。

图 13.60　技术实验场

3）实验塔

住宅实验塔总高度为 112.9m,共 37+1 层(地上 37 层、地下 1 层),首层层高 4.5m,其他各层层高均为 3m,2～34 层为垂直测试区,共 33 层,35 层～顶层为电梯机房屋、设备水箱屋、排气道风帽以及瞭望平台层。实验塔全貌图如图 13.61 所示。

万科住宅实验塔是中国第一个、世界第一高住宅设备性能检测塔，首层房屋三方向延长设置水平排水管层，同时在首层设置展示区、测试区等。地下部分为测试水收集池。实验塔的建成将为建立国内住宅设备系统性能检测基地，建立国家住宅设备系统认证中心，制定设备的专业标准提供实验依据。

图 13.61　实验塔全貌图

4）三号实验楼

三号实验楼采用纯框架结构，柱采用柱模工艺、内部现浇，梁、板、阳台为叠合，楼体以及外墙均为预制。围护体系直接外墙采用 PC 构件，采取上部固定、下端简支的吊挂方式，间接外墙及室内隔墙采用轻钢墙体。内装体系首次完整实施了 S-I 分离的装修工艺，系统地尝试了工业化的内装设计、构造和施工方法。三号实验楼设计及建造的完成，标志着万科 VSI 工业化住宅技术体系已具备推广应用的基础和条件。

5）四号实验楼

四号实验楼是 VSI 工业化住宅技术的一次重大突破。在学习和引进日本先进预制技术的基础上，采用了全预制纯框架结构体系，见图 13.62。所有结构受力构件包括柱、梁、板均为预制，整体预制率为 60%左右。直接外墙采用 PC 构件，间接外墙和分户墙采用 ACL 墙板，室内隔墙采用轻钢墙体。内装体系从青年群体的客户类型中选择居家型和社交型两类作为设计核心，分别为这两类使用者打造了适合其使用、生活的空间。四号实验楼是万科首次完整运用工业化住宅产品开发流程来设计、建造的产品，它标志着万科工业化住宅产品开发平台的形成。

图 13.62　四号实验楼

6）研究区

（1）人工湿地。

人工湿地为万科住宅产业化研究基地的厂区污水、生活污水和雨水的处理工程。厂区污水和生活污水深度处理后部分回用于绿地浇灌，达到水资源的循环利用。人工湿地如图 13.63 所示。

图 13.63　人工湿地

（2）植物研究区。

调研广东地区野生植物资源，选择适宜的植物种类在景观试验区进行试验种植。选择成熟、可行的物种作为景观类植物。植物研究区景观类植物如图 13.64 所示。

（3）景观铺装。

研发各种混凝土的表面效果，在基地园区铺设人行步道、汀步、小广场等实验区。基地景观铺装实验区如图 13.65 所示。

图 13.64　植物研究区景观类植物

图 13.65　基地景观铺装实验区

（4）渗水路面。

使雨水迅速渗入地表，还原成地下水，及时补充地下水资源；无路面积水和夜间反光，提高了车辆、行人的通行舒适性与安全性；透水路面上大量的孔隙能够吸收车辆行驶时产生的噪声，有效降低噪声 4～5dB；具有较大的孔隙率，并与土壤相通，能蓄积较多的热和水分，调节城市生态；当集中降雨时，能够减轻排水设施的负担。渗水路面如图 13.66 所示。

图 13.66 渗水路面

13.7 中天集团产业化基地

1. 中天集团产业化发展概况

2012 年，中天集团启动工业化基地建设，杭州德清、金华、西安、武汉、北京、郑州等地开始筹备建厂。其中，杭州德清工业化基地（浙江中天建筑产业化有限公司）规划总占地面积 400 亩，已于 2014 年部分建厂投产，全部建设完成后预计年产量 30 万 m^2。

陕西西安中天建筑产业园是中天发展控股集团有限公司的全资子公司，隶属于中天西北集团管理。基地位于西咸新区秦汉新城，总占地面积 600 亩，首期投资建设面积 154 亩，净面积 127 亩。

2. 基地介绍

1）生产车间

生产模台如图 13.67 所示。

图 13.67 生产模台

模具摆放安装见图 13.68。

图 13.68　磨具摆放安装

钢筋弯曲中心如图 13.69 所示。

图 13.69　钢筋弯曲中心

厂房内混凝土泵如图 13.70 所示。

第 13 章 建筑工业化建造案例分析

图 13.70 厂房内混凝土泵

送料口：将混凝土原材料从送料口送入，每种材料暂时存储在每个隔间，需要用料时自动供料。送料口如图 13.71 所示。

图 13.71 送料口

实验中心：对混凝土试块、钢筋拉伸性能等进行实验。实验中心如图 13.72 所示。

图 13.72 实验中心及设备

养护室如图 13.73 所示。

图 13.73　养护室

构件静养如图 13.74 所示。

图 13.74　构件静养

预制构件如图 13.75 所示。

预制承台　　　　　预制板　　　　　叠合板

预制楼梯　　　　合格证

图 13.75　预制构件

2）构件堆场

构件堆场如图 13.76 所示。

图 13.76　构件堆场

3）基地生产工艺

外墙板正打工艺流程图如图 13.77 所示。叠合板工艺流程图如图 13.78 所示。楼梯板生产工艺管理工序图如图 13.79 所示。

4）构件质量管理

由自检和质量员检查相结合。

第 13 章 建筑工业化建造案例分析

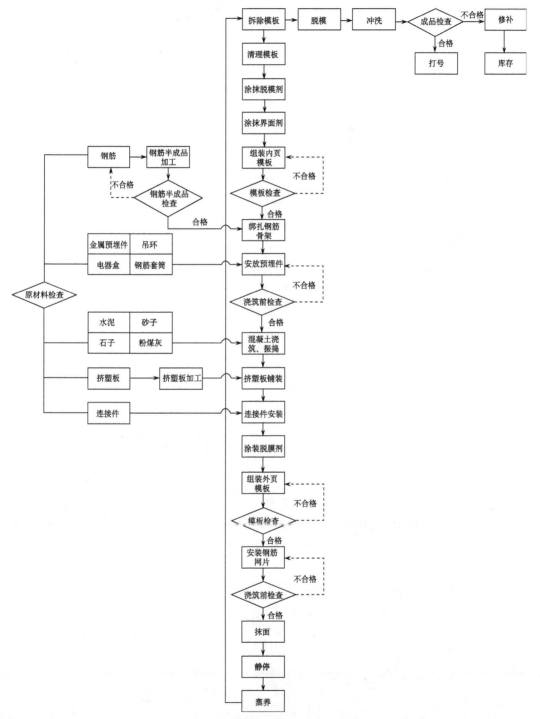

图 13.77 外墙板正打工艺流程图

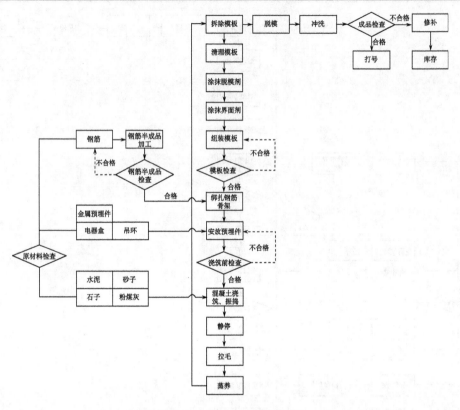

图 13.78　叠合板工艺流程图

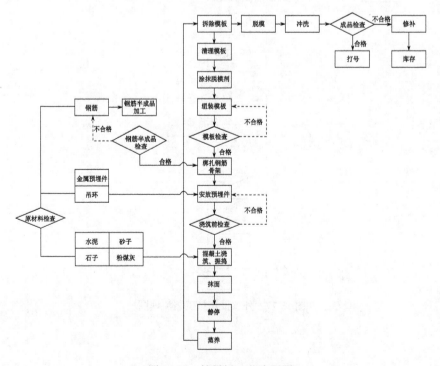

图 13.79　楼梯板工艺流程图

参 考 文 献

陈晓晖. 2015. 钢筋成型系统在混凝土预制构件生产中的应用研究[J]. 技术与市场, (8): 175-176.

陈耀钢, 郭正兴, 董年才, 等. 2011. 全预制装配整体式剪力墙结构构件工厂化生产技术[J]. 施工技术, 40(11): 6-9.

樊骅, 夏峰, 丁泓, 等. 2015. 装配式住宅结构自动拆分与组装技术研究[J]. 住宅科技, (10): 1-6.

樊则森. 2015. 预制装配式建筑设计要点[J]. 住宅产业, (8).

韩超, 吴金花. 2012. 集成外装饰住宅产业化预制构件的生产技术[J]. 混凝土, (11): 119-121.

胡泉. 首部国家级装配式结构规程出台[J]. 建筑结构, 2014, (06): 64.

纪颖波, 周晓茗, 李晓桐. 2013. BIM技术在新星建筑工业化中的应用[J]. 建筑经济, (08): 14-16.

李浩, 李永敢. 2011. 工业化住宅预制构件深化设计流程及要点分析[J]. 施工技术, 40(19): 111-114.

全国二级建造师执业资格考试用书编写委员会. 建筑工程管理与实务[M]. 北京: 中国建筑工业出版社. 2013

王召新. 2012. 混凝土装配式住宅施工技术研究[D]. 北京: 北京工业大学.

张建国, 张超, 于奇. 2014. 沈阳惠生新城项目装配式构件关键技术[J]. 施工技术, (15): 10-15.

赵军胜. 2012. 加强预制构件生产质量控制确保工程结构安全[J]. 现代营销学（学苑板）, (4): 65.

中国城市科学研究会绿色建筑与节能专业委员会. 2015. 建筑工业化典型工程案例汇编[M]. 北京: 中国建筑工业出版社.

中国建筑标准设计研究院. 2014. 装配式混凝土结构技术规程: JGJ 1—2014[S]北京: 中国建筑工业出版社.